KB114008

한눈에 알아보는 우리 생물 7

화살표 양서·파충류 도감

한눈에 알아보는 우리 생물 7

화살표 **양서·파충류 도감**

펴낸날 2019년 1월 21일 초판1쇄
2023년 7월 20일 초판2쇄
글·사진 김현태, 김현, 전근배, 김대호

펴낸이 조영권
만든이 노인향, 백문기
꾸민이 토가 김선태

펴낸곳 자연과생태
등록 2007년 11월 2일(제2022-000115호)
주소 경기도 파주시 광인사길 91, 2층
전화 031-955-1607 **팩스** 0503-8379-2657
이메일 econature@naver.com
블로그 blog.naver.com/econature

ISBN : 978-89-97429-98-1 93490

한눈에 알아보는 우리 생물 7

화살표 양서·파충류 도감

글·사진
김현태, 김현, 전근배, 김대호

자연과생태

머리말

양서·파충류는 대개 낮에는 숨어 지내고 밤에 활동하므로 잘 보이지 않고, 생김새가 엇비슷한 종이 많아 겉모습만으로는 종을 구별하기도 어렵습니다. 그래서 혼자 관찰하고 연구하는 데는 한계가 있어 많은 분과 지식, 경험을 나눠야 합니다. 이 책 또한 많은 분이 양서·파충류를 구별하고자 고민하고 연구한 내용을 바탕으로 만들었습니다. 이 자리를 빌려 도움 주신 모든 분께 고마운 마음을 전합니다.

야외에서 양서·파충류를 만났을 때 눈으로 살필 수 있는 정보를 최대한 전하고자 사진을 많이 실었고, 생김새 특징을 화살표로 짚어 설명했습니다. 각 무리를 이해하는 데 조금이라도 더 도움이 되도록 책 앞에 무리별 특징을 정리해 놓았습니다. 다만 이 책에 실은 내용은 그동안 저희가 관찰하고 연구한 내용 가운데 종을 대표할 만한 부분을 정리한 것일 뿐입니다. 즉 모두가 아니라 대부분 그렇다는 뜻이며, 그렇기에 앞으로 많은 분이 이를 바탕으로 내용을 추가, 수정해 주시기를 바랍니다.

양서·파충류는 이따금 꺼리는 대상이 되기도 하지만 생태계에서는 포식자이자 피식자로서 허리 역할을 하는 중요한 무리입니다. 파충류는 설치류 개체수 조절에 큰 영향을 미칩니다. 그리고 양서류는 기후변화와 관련해 주목받기도 합니다.

이 책이 양서·파충류에 관심이 있는 분에게는 여러 사람의 지식과 경험이 쌓인 자료로서 도움이 되기를 바라며, 양서·파충류를 잘 모르는 분에게는 이 무리의 중요성을 알리는 데 조금이나마 도움이 되면 좋겠습니다.

끝으로, 책 작업에 큰 도움을 주신 곽호경, 구준희, 권기윤, 김익희, 노선호, 류효민, 문광연, 변영호, 손상호, 이광록, 이상영, 이우철, 이윤수, 전영호, 조수정 님께 진심으로 감사한 마음을 전합니다.

2019년 1월

저자 일동

일러두기

우리나라에 기록된 양서류 20종과 민물에 사는 파충류 22종을 소개하고 각 종의 생김새 특징을 화살표로 짚어 설명했습니다. 양서류는 도롱뇽과 개구리, 파충류는 거북과 뱀 무리로 나눴습니다. 최근 외래종이지만 우리나라에서 흔히 보이는 늪거북과 3종도 함께 소개했습니다.

- 종 목록은 한국양서·파충류학회 자료를 참고했습니다.
- 어려운 용어를 쓰지 않으려 했지만 꼭 필요한 용어는 그대로 실었습니다. 다음 표에 뜻을 정리해 놓았습니다.

전체길이	주둥이부터 꼬리 끝까지 길이(꼬리가 몸 뒤로 뻗은 무리)
머리몸통길이	주둥이부터 총배설강까지 길이(꼬리가 없으며 다리를 접고 앉는 개구리 무리)
늑골주름	도롱뇽 무리 몸통 옆면에 있는 늑골 사이 주름
서구개치열	도롱뇽 무리 입천장 서골과 구개골에 나 있는 치열
평형간	도롱뇽 유생 머리 좌우로 실처럼 뻗은 평형을 감지하는 기관
귀샘	두꺼비 무리 눈 뒤에 있는 혹 모양 샘으로 독을 만들고 저장하는 기관
외부아가미	양서류 유생 시기에 몸 밖으로 나온 아가미
갓난탈	외부아가미가 있는 갓 부화한 올챙이
분수공	올챙이가 숨 쉴 때 쓰는 기관으로 입으로 들어온 물이 몸 밖으로 나가는 구멍
순치	올챙이 입술 부분에 여러 줄로 늘어선 까칠까칠한 돌기
혼인돌기	개구리 무리에서 번식기 수컷 발가락에 생기는 근육질 돌기 또는 혹
등갑(背甲)	거북 무리 윗면(둥근 부분) 딱지
배갑(腹甲)	거북 무리 아랫면(평평한 부분) 딱지
골판	거북 무리 등갑과 배갑 면을 이루는 편평한 뼈
서혜인공	장지뱀 무리 뒷다리 사타구니에 있는 페르몬을 분비하는 구멍
뒤베르누아샘	유혈목이, 능구렁이 어금니에 연결된 분비샘
목덜미샘	유혈목이 목덜미에 있는 두꺼비 독을 저장하는 샘
독샘	살모사 무리 위턱 안쪽에 있으며 독을 생성, 저장하는 샘
총배설강	소화관과 비뇨생식기관이 하나로 연결된 주머니

* *강·윤(1975), 이·장·서(2011), 이·박(2016) 참고*

양서류, 파충류 분류하기

양서류: 온몸이 축축하고 끈적거리는 피부로 덮여 있다.

<table>
<tr><td rowspan="3">도롱뇽 무리*</td><td rowspan="3">성체는 꼬리가 있다.</td><td colspan="3">발가락 사이에 작은 물갈퀴가 있다.</td><td>이끼도롱뇽</td></tr>
<tr><td rowspan="2">발가락 사이에 작은 물갈퀴가 없다.</td><td colspan="2">꼬리가 몸통보다 길다.</td><td>한국꼬리치레도롱뇽</td></tr>
<tr><td colspan="2">꼬리가 몸통과 비슷하거나 짧다.</td><td>도롱뇽
고리도롱뇽
제주도롱뇽
꼬마도롱뇽</td></tr>
<tr><td rowspan="11">개구리 무리*</td><td rowspan="11">성체는 꼬리가 없다.</td><td rowspan="4">앞다리와 뒷다리 길이가 비슷하다.</td><td colspan="2">몸이 둥글고 몸통에 비해 머리가 작다.</td><td>맹꽁이</td></tr>
<tr><td colspan="2">배가 붉은색이나 주황색이며 검은 무늬가 있다.</td><td>무당개구리</td></tr>
<tr><td rowspan="2">배가 흰색이나 노란색이며 무늬가 없다.</td><td>머리가 몸통에 비해 크고 다리가 짧고 굵다.</td><td>두꺼비</td></tr>
<tr><td>머리가 몸통에 비해 작고 다리가 가늘고 길다.</td><td>물두꺼비</td></tr>
<tr><td rowspan="5">앞다리보다 뒷다리가 길어 펄쩍펄쩍 뛰어다닌다.</td><td colspan="2">등 가운데 줄이 있고 등에 길쭉한 돌기가 있다.</td><td>참개구리</td></tr>
<tr><td colspan="2">등에 점 같은 돌기가 조금 있거나 없으며 배가 노랗다.</td><td>금개구리</td></tr>
<tr><td colspan="2">몸이 갈색이며 몸통과 다리에 길쭉한 돌기가 있다.</td><td>옴개구리</td></tr>
<tr><td colspan="2">몸이 갈색이며 산지에서 보인다.</td><td>산개구리
한국산개구리
계곡산개구리</td></tr>
<tr><td colspan="2">대부분 평야 지대에 살며 고막 뒤에 있는 줄이 꺾여 있다.</td><td>황소개구리</td></tr>
<tr><td rowspan="2">발가락 끝이 두툼하고 흡반이 있으며, 발바닥이 끈적거린다.</td><td colspan="2">몸통에 비해 머리가 크고 수컷은 대개 땅에 앉아 운다.</td><td>청개구리</td></tr>
<tr><td colspan="2">몸통에 비해 머리가 작고 주둥이가 뾰족하며 앞발이 작다.</td><td>수원청개구리</td></tr>
</table>

* *도롱뇽 무리는 유생에서 성체로 탈바꿈한 뒤에도 꼬리가 있어 유미목, 개구리 무리는 꼬리가 없어 무미목이라고도 한다.*

파충류: 온몸이 등갑, 배갑이나 비늘로 덮여 있다.

거북 무리	온몸이 등갑과 배갑으로 덮여 있다.	등갑이 말랑거리고 발톱이 3개다.					자라 중국자라
		등갑이 딱딱하고 발톱이 4~5개다.	등 가운데와 양쪽에 솟은 부분이 있다.				남생이
			등은 솟은 부분 없이 둥글다.				붉은귀거북 쿠터 무리
뱀 무리	온몸이 비늘로 덮여 있다.	다리가 있다.	발바닥에 가는 막이 겹겹이 있다.				도마뱀부치
			발바닥에 막이 없다.	몸에 광택이 있다.	등면과 옆면 경계선이 일직선으로 뚜렷하다.		북도마뱀
					등면과 옆면 경계선이 거칠다.		도마뱀
				몸에 광택이 없어 꺼칠꺼칠한 느낌이다.	등 비늘이 알갱이 모양이다.		표범장지뱀
					등 비늘이 기와 모양이다.	옆면에 있는 흰색 줄이 잘 보인다.	줄장지뱀
						옆면에 있는 흰색 줄이 잘 보이지 않거나 가늘며 직선이 아니다.	아무르장지뱀
		다리가 없다.	머리에서 꼬리까지 등 가운데에 황백색 줄이 있다.				실뱀
			머리만 검고 몸은 무늬가 없는 노란색이다.	머리 뒤쪽에 있는 흰 줄이 수직이며 척추를 따라 검은 줄이 뻗었다.			비바리뱀
				머리 뒤쪽에 있는 흰 줄이 경사를 이룬다.			대륙유혈목이
			몸을 따라 점이 있다.	점이 세로로 길다.			누룩뱀
				점이 가로로 길다.			무자치
			몸을 따라 띠가 있다.	붉은색과 초록색을 띤다.			유혈목이
				붉고 검은 띠가 나타난다.			능구렁이
				대부분 노란색, 검은색 띠가 나타난다.			구렁이
			위에서 보면 몸을 따라 지그재그 무늬가 있다.	옆에서 보면 몸을 따라 엽전 무늬가 있다.			쇠살모사 살모사
				옆에서 보면 몸을 따라 띠가 있다.			까치살모사

차례

종별 특징 알아보기_파충류

무리별 특징
알아보기

도롱뇽과 Hynobiidae

피부가 늘 축축하고 다리가 2쌍이며 꼬리가 길고 눈이 툭 튀어나왔다.

도롱뇽 무리(도롱뇽과, 미주도롱뇽과)는 아시아 중앙과 동부에 퍼져 산다. 대개 몸이 가늘고 길며, 꼬리가 길고, 길이가 거의 비슷한 다리가 2쌍 있다. 전체길이가 22cm까지 자라는 꼬리치레도롱뇽을 제외하고는 모두 15cm보다 짧다.

우리나라 도롱뇽과에는 2018년 기준 6종(도롱뇽속 4종, 꼬리치레도롱뇽속 2종)이 기록되었다. 피부는 비늘 없이 매끄럽고 부드러우며 늘 축축하다. 허물이 자주 조각조각 벗겨지지만

도롱뇽. 툭 튀어나온 눈과 축축한 피부가 특징이다.

전체가 한 번에 벗겨지기도 한다. 축축한 피부로 숨 쉬기 때문에 덥고 건조한 상태를 견디지 못한다. 그래서 대개 햇빛이 비치지 않고 습한 은신처에서만 지내다가 서늘해지는 밤에 활동한다. 평소에는 뭍에서 지내며 번식기에만 물속으로 옮겨 간다. 추울 때는 움직임이 둔해져 땅속으로 들어가거나 커다란 바위나 쓰러진 나무 밑에서 몸을 숨긴 채 지낸다.

우무질로 덮인 알에서 육식성인 유생으로 깨어난다. 유생은 목덜미 부분에 있는 빗자루 모양 외부아가미로 숨 쉰다. 외부아가미는 탈바꿈을 끝낸 다음 뭍으로 올라갈 무렵 사라진다. 성체는 피부와 폐로 호흡한다. 물을 들이마시거나 내뱉으면서 입이나 콧구멍 속 피부로도 호흡하며, 대개 폐는 작고 없기도 하다. 산간 계곡 주변에 주로 사는데 폐가 크면 부력이 커져 쉽게 물살에 떠내려갈 수도 있기 때문이다.

한국꼬리치레도롱뇽. 몸은 노란빛을 띠며 온몸에 진한 점이 있다.

도롱뇽과 > 도롱뇽속

우리나라 도롱뇽 무리를 대표하는 속으로 도롱뇽, 고리도롱뇽, 제주도롱뇽, 꼬마도롱뇽 4종이 있다. 속명(*Hynobius*)은 꼬리가 쟁기 날처럼 날카로워 그리스어 hynis(쟁기 날)에서 따온 말이다.

전체길이는 7~15cm다. 몸 색깔은 노란색에서 암갈색까지 다양하며 코발트색이나 흰색인 작은 반점이 나타나기도 한다. 몸통 양쪽에 주름이 12~14개 있으며 앞발가락은 4개, 뒷발가락은 5개다. 번식기에 수컷은 몸 색깔이 더 진해지고 피부가 늘어지며, 꼬리가 넓어지고 총배설강 주변이 크게 부풀며 안쪽에 좁쌀만 한 돌기가 생긴다.

고리도롱뇽은 점이 은은하게 어두워 다른 종과 구별되지만 나머지는 생김새만으로 구별하기 어렵다. 입천장에 있는 서구개치열 모양으로 구별한다는 의견도 있지만, 서구개치열은 죽은 개체에서나 보이며 측정값이 종끼리 겹치기도 해서 종을 또렷이 구별하기 어렵다. 또한 많은 지역에서 여러 종이 뒤섞여 번식하는 일이 많아서 구별이 더욱 어렵다.

산지 계곡과 하천, 습지 주변 바위, 돌, 낙엽 아래에서 주로 생활하고 알을 낳을 때만 물속으로 옮겨 간다. 대개 겨울잠을 자지만 도롱뇽 성체는 겨울 이전에 물속 번식지로 옮겨 가 그곳에서 겨울을 나기도 한다.

번식기에 수컷은 돌 틈이나 나뭇가지를 잡고 턱이나 몸을 흔든다. 그러면 암컷이 수컷 밑으로 가면서 알 14~72개가 든 알주머니 2개를 주변 돌이나 식물에 붙여 낳는다. 수컷은 암컷 총배설강에서 나온 알주머니를 잡아 자기 총배설강에 대고 정자를 쏟아 낸다. 갓 낳은 알주머니는 조그맣고 쭈글쭈글하지만 시간이 지나면 물을 빨아들여 반투명한 도넛 모양으로 변한다.

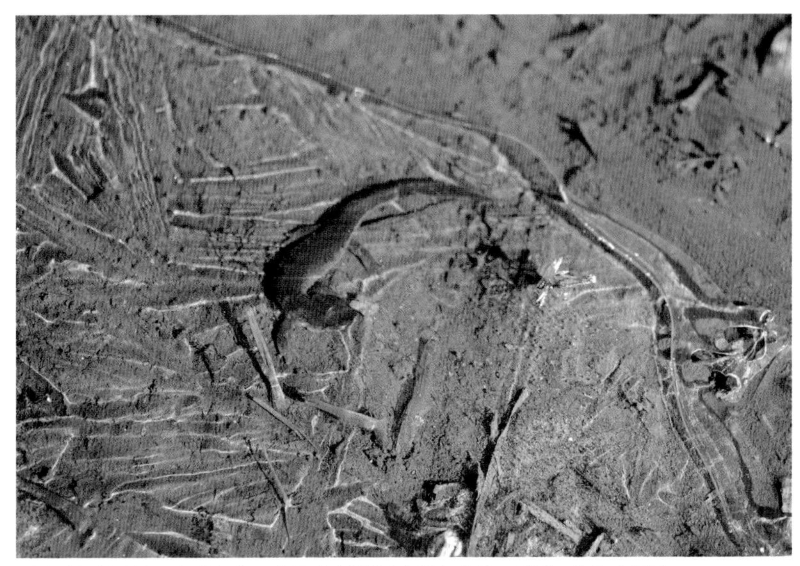

번식지를 차지하고자 겨우내 주변 돌이나 얼음 밑에서 지내는 도롱뇽 수컷도 있다.

번식기(2~4월)에는 물 흐름이 느리거나 물이 고인 곳에서 무리 지어 번식한다.
번식은 주로 밤에 이루어진다.

▶ 우리나라 도롱뇽속 분포도

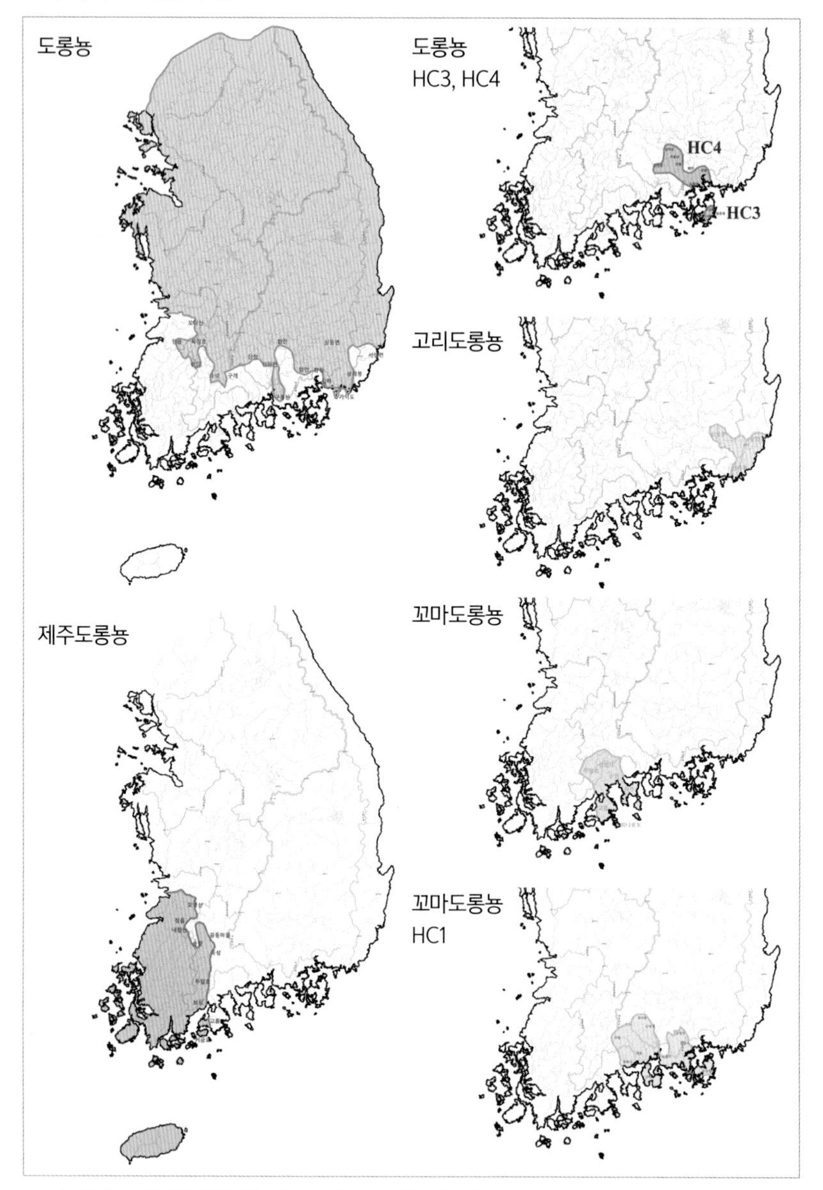

조사 지점별로 3개체 이상 살펴보려 했으나 1~2개체만 조사한 지역도 많다. 그러므로 지점별로 다른 종이 더 분포할 가능성이 크다. 이 분포도는 많은 분에게서 도움을 받아 작성했다.

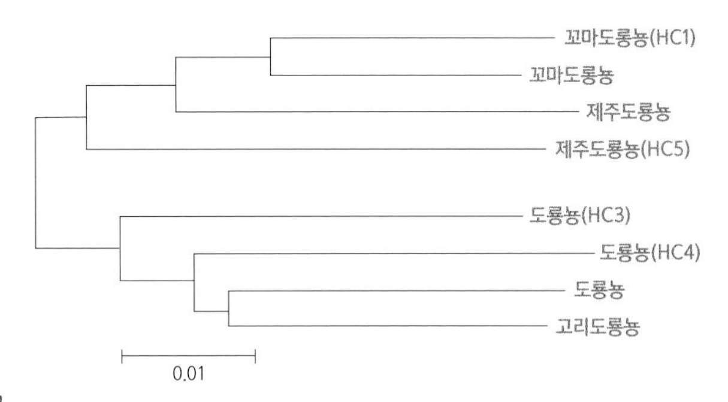

COI 염기서열 비교

>도롱뇽

GCCGGGATAGTGGGCACCGCCTTAAGTCTCTTAATTCGAGCTGAGTTAAGCCAACCCGGGACTCTTCTTGGAGATGATCAAATTTATAATGTAATTGTAACTGCTCACGCATTTGTAATAATCTTTTTTATAGTA
ATACCAGTAATAATTGGGGGTTTTGGAAATTGACTAGTTCCATTAATAATCGGCGCCCCGGATATAGCATTTCCACGAATAAATAATATAAGTTTTTGGTTATTACCCCCATCATTTCTTTTATTACTAGCATCATC
CGGGGTTGAGGCCGGAGCAGGGACAGGCTGAACCGTTTATCCACCATTAGCGGGTAACTTAGCACATGCCGGGGCTTCGGTTGATTTAACAATTTTTTCGCTACATTTAGCAGGTATTTCATCAATTCTAGG
AGCAATTAACTTTATTACAACTTCCATTAATATAAAACCCTCGTCGATATCGCAGTATCAAACACCCTTATTTGTATGATCTGTGTTAATTACTGCTATTCTTCTTTTACTATCTTTACCAGTCCTTGCCGCAGGGA
TTACAATACTTCTAACAGACCGAAACCTAAACACTACATTCTTCGACCCTGCGGGGGGAGGTGACCCTGTTCTTTACCAGCACTTGTTTTGATTTTTTGGTCATCCAGAGGTTTAT

>도롱뇽(HC3)

GCCGGGATAGTGGGCACCGCCCTAAGTCTTCTAATTCGAGCTGAATTAAGCCAACCCGGAACCCTTCTTGGGGATGATCAAATTTATAACGTAATTGTGACCGCCCACGCATTTGTGATAATCTTTTTTATAG
TAATACCAGTAATAATTGGAGGCTTCGGGAATTGGTTAGTTCCATTAATAATTGGCGCCCCAGATATAGCATTTCCACGAATAAACAATATAAGTTTTTGACTATTACCCCCATCATTTCTCTTATTACTAGCATC
ATCCGGGGTTGAAGCTGGGGCGGGAACAGGCTGAACCGTTTATCCGCCCCTGGCAGGTAATTTAGCACATGCCGGAGCCTCAGTTGATTTAACAATTTTTTCACTACATTTAGCAGGTATTTCGTCAATTCT
AGGGGCAATTAACTTTATTACAACTTCCATTAATATAAAACCCTCATCAATATCGCAATATCAAACACCCTTATTTGTTTGATCTGTATTAATTACTGCTATCCTTCTTTTACTATCTTTACCGGTCCTTGCCGCAG
GAATTACAATACTTCTAACAGACCGAAACCTAAATACTACCTTCTTCGACCCCGCAGGGGGAGGCGACCCCGTTCTCTACCAACACCTATTTTGATTTTTTGGTCACCCAGAGGTTTAT

>도롱뇽(HC4)

GCCGGAATAGTGGGCACTGCCCTAAGTCTTCTAATTCGAGCTGAATTAAGCCAACCCGGGACCCTCCTCGGTGATGATCAAATTTATAATGTAATTGTAACTGCTCACGCATTTGTAATAATCTTTTTTATAGTA
ATACCAGTAATAATTGGGGGTTTCGGAAATTGGTTAGTTCCGTTAATAATTGGCGCCCCAGATATGGCATTTCCACGAATAAATAATATAAGTTTCTGATTATTACCCCCATCATTTCTTTTACTATTAGCATCATC
CGGAGTTGAGGCTGGAGCAGGAACAGGCTGAACCGTTTACCCACCACTAGCGGGTAACTTGGCACATGCCGGAGCCTCGGTTGATTTAACAATTTTTTCGTTGCATTTAGCAGGTATCTCATCAATTCTAG
GAGCAATTAACTTCATCACAACCTCCATTAACATAAAACCCTCATCAATATCGCAATATCAAACACCCTTATTTGTCTGATCTGTACTAATTACTGCTATCCTTCTTTTACTGTCTTTACCAGTTCTTGCCGCAGG
AATTACAATACTTCTAACAGACCGGAACCTAAATACCACATTCTTCGACCCTGCAGGGGGAGGTGACCCTGTTCTCTACCAACACTTGTTTTGATTTTTTGGCCACCCAGAGGTTTAT

>고리도롱뇽

GCCGGAATAGTGGGTACCGCCCTAAGTCTCCTAATTCGAGCTGAATTAAGCCAACCCGGAACTCTCCTTGGGGATGACCAGATTTATAATGTAATTGTAACTGCTCACGCATTTGTAATAATCTTTTTTATAGT
AATACCAGTAATAATTGGGGGCTTCGGAAATTGGTTGGTGCCATTAATAATCGGCGCCCCAGATATAGCATTTCCGCGAATAAATAATATAAGTTTTTGACTATTACCCCCATCATTTCTTTTATTACTAGCATCA
TCCGGGGTTGAGGCCGGAGCAGGAACAGGCTGGACCGTCTATCCACCATTAGCAAGTAACTTAGCACATGCTGGAGCCTCAGTTGATTTAACAATTTTTTCACTGCATTTAGCAGGTATTTCATCAATTCTAG
GAGCAATTAACTTTATCACAACTTCCATTAATATAAAACCCTCCTCAATATCACAATACCAAACACCCTTATTTGTCTGATCTGTATTAATTACTGCTATTCTTCTTTTATTATCTTTACCAGTCCTTGCTGCAGGGA
TCACAATACTTCTAACAGACCGAAACCTAAACACTACATTCTTCGACCCCGCAGGTGGAGGTGACCCTGTTCTCTACCAACACTTATTTTGATTTTTTGGTCACCCAGAGGTTTAT

>제주도롱뇽

GCTGGGATAGTTGGCACTGCCTTAAGTCTCCTAATTCGAGCCGAACTAAGCCAGCCTGGGACTCTTCTCGGGGATGACCAGATTTATAATGTGATTGTAACTGCTCACGCATTTGTAATAATTTTTTTTATGGT
AATGCCAGTGATAATCGGGGGCTTCGGAAATTGGTTAGTCCCATTAATAATCGGCGCCCCGGACATAGCATTTCCACGAATAAATAACATAAGTTTTTGGCTATTACCCCCGTCATTTCTTTTATTACTAGCAT
CATCTGGGGTTGAAGCTGGAGCAGGAACAGGCTGAACCGTTTATCCCCCACTAGCAGGTAACTTAGCACATGCTGGAGCTTCAGTTGATTTAACAATTTTTTCACTACACTTAGCAGGTATTTCATCAATTCT
AGGGGCAATTAACTTTATTACAACCTCCATTAATATAAAACCCCTATCAATATCCCAATATCAAACACCTTTATTTGTTTGATCCGTATTAATTACTGCTATTCTTCTTTTATTATCTTTACCAGTCCTTGCCGCAG
GAATCACAATACTCCTAACAGACCGAAACCTAAATACTACATTCTTCGACCCTGCAGGAGGAGGTGATCCCGTTCTCTATCAACATTTATTTTGATTTTTTGGTCACCCAGAGGTCTAT

>제주도롱뇽(HC5)

AGCTGGATAGTAGGCACTGCTTTAAGTCTTCTAATTCGAGCTGAATTAAGCCAACCCGGGACTCTTCTTGGGGATGATCAAATTTATAATGTAATTATAACTGCTCACGCATTTGTAATAATTTTTTTTATAGTAA
TACAAGTAATAATCGGAGGTTTTGGAAACTGGTTAGTTCCGTTAATAATCGGCGCCCCAGACATAGCATTCCCGCGAATGAATAACATAAGTTTTTGACTATTACCACCATCATTTCTTTTATTATTAGCATCATC
CGGGGTTGAAGCTGGGGCAGGAACAGGCTGAACCGTTTACCCCCCACTAGCAGGCAACTTAGCACATGCCGGAGCCTCGGTTGATTTAACAATTTTTTCACTACATTTAGCAGGTATTTCATCAATTCTAG
GGGCAATTAACTTTATTACAACCTCCATTAATATAAAACCATTATCGATATCGCAATATCAAACACCTCTATTTGTTTGATCAGTATTAATTACTGCTATTCTTCTCTTATTATCTTTACCGGTCCTTGCCGCAGGAA
TTACAATACTTCTAACAGACCGAAACCTTAATACTACATTCTTCGACCCTGCAGGGGGAGGGGACCCTGTTCTCTACCAACACTTGTTTTGATTTTTTGGTCACCCTGAAGTTTAA

>꼬마도롱뇽

GCCGGAATGGTGGGCACTGCCTTGAGTCTCCTAATTCGAGCTGAATTAAGCCAACCCGGATCTCTTCTCGGTGATGACCAAATTTATAATGTAATTGTAACTGCTCACGCATTCGTAATAATTTTTTTTATGGT
AATACCAGTAATAATTGGGGGTTTCGGAAATTGATTAGTTCCATTAATAATTGGTGCCCCGGACATAGCATTTCCCCGAATAAATAATATAAGTTTTTGGCTATTACCCCCATCATTTCTTTTATTACTAGCATCA
TCCGGGGTTGAAGCTGGAGCAGGAACAGGCTGAACCGTTTACCCCCCACTGGCAGGTAACTTAGCACATGCTGGAGCCTCAGTTGATTTAACAATTTTTTCACTACATTTAGCAGGTATTTCATCAATTCTA
GGGGCAATTAATTTTATTACAACCTCCATTAATATAAAACCCCTGTCAATATCGCAGTACCAGACACCTCTGTTTGTTTGATCAGTATTAATTACTGCTATTCTTCTTTTACTATCTTTACCAGTCCTTGCCGCAGG
GATTACAATACTTCTAACAGACCGAAACCTAAATACTACATTCTTCGACCCGGCGGGGGGAGGTGACCCTGTTCTCTATCAACATTTATTTTGATTTTTTGGCCACCCTGAGGTTTAT

>꼬마도롱뇽(HC1)

GCTGGGATAGTGGGCACTGCCCTAAGTCTCCTAATTCGAGCTGAATTAAGCCAACCCGGAACTCTTCTCGGAGATGACCAAATTTATAATGTAATTGTAACTGCTCACGCATTCGTAATAATTTTTTTTATAGT
AATGCCAGTAATAATTGGAGGTTTTGGAAATTGGTTGGTTCCATTAATAATTGGTGCCCCAGACATAGCATTCCCGCGAATAAATAACATAAGTTTTTGGCTATTACCCCCATCATTTCTTTTATTACTAGCATCA
TCCGGGGTTGAAGCCGGAGCAGGAACAGGCTGAACCGTTTACCCCCCACTGGCAGGTAACTTAGCACATGCTGGAGCCTCAGTTGATTTAACAATTTTCTCACTACACTTAGCAGGTATTTCATCAATTTTA
GGAGCAATTAATTTTATTACAACCTCTATTAATATAAAACCCTTGTCAATATCGCAATACCAAACACCTTTATTTGTTTGATCAGTACTAATCACTGCTATTCTTCTTTTACTGTCTTTACCAGTCCTTGCCGCAGG
GATTACAATACTTCTGACAGACCGAAACCTAAATACTACATTCTTCGACCCAGCGGGGGGAGGTGATCCTGTTCTCTATCAACACTTGTTTTGATTTTTTGGTCACCCAGAGGTCTAT

번식이 끝나면 습기가 많은 계곡 주변이나 낙엽층으로 옮겨 간다.

돌 밑 습기 많은 흙 틈에 있는 제주도롱뇽과 알주머니

갓 낳은 도롱뇽 알주머니. 주름이 많고 형광색을 띤다.

고리도롱뇽 수컷 여러 마리가 한꺼번에 알주머니 하나에 정액을 뿌리기도 한다.

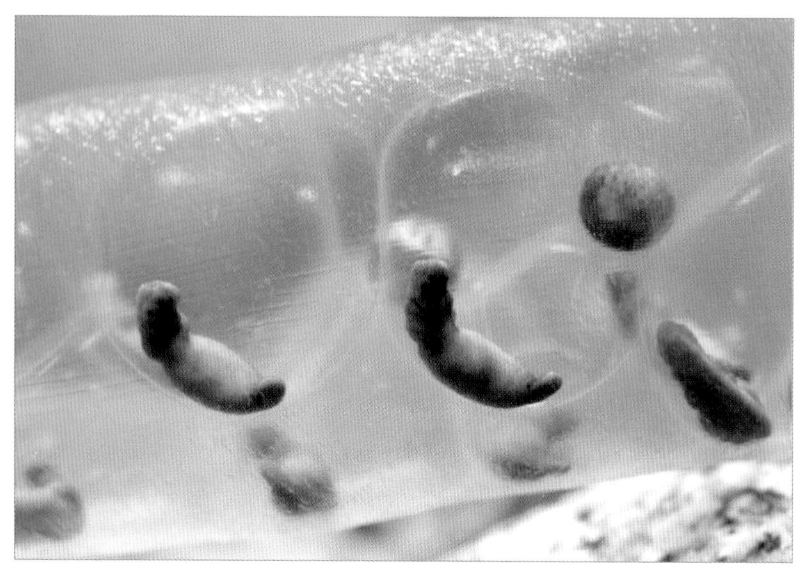

알은 원형 우무질 내층으로 둘러싸이고, 다시 주머니 모양 외층으로 둘러싸인다.

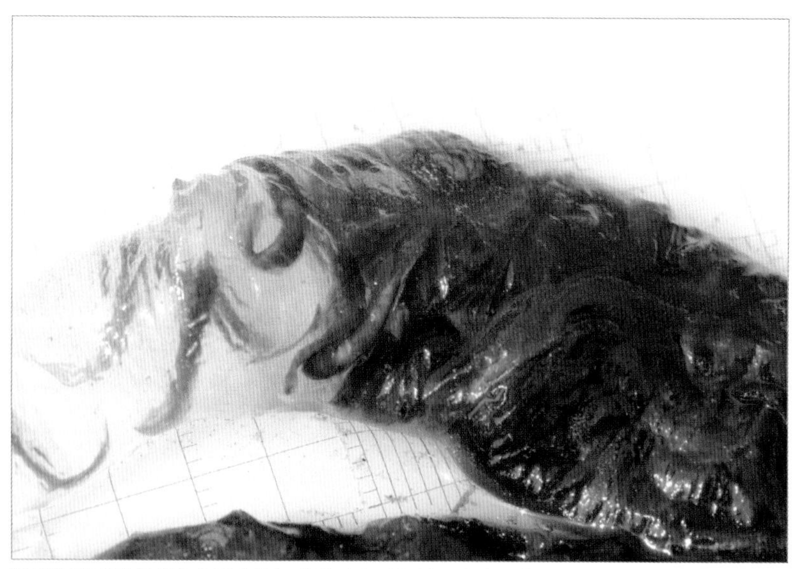

알에서 다 자란 유생은 우무질이 녹아 없어진 다음 알주머니 끝에 있는 작은 구멍으로 나온다.

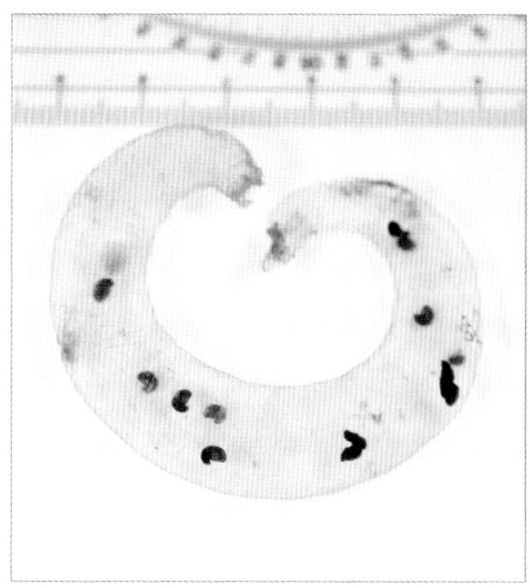

플라나리아가 알주머니 속으로 들어가 알을 먹기도 한다.

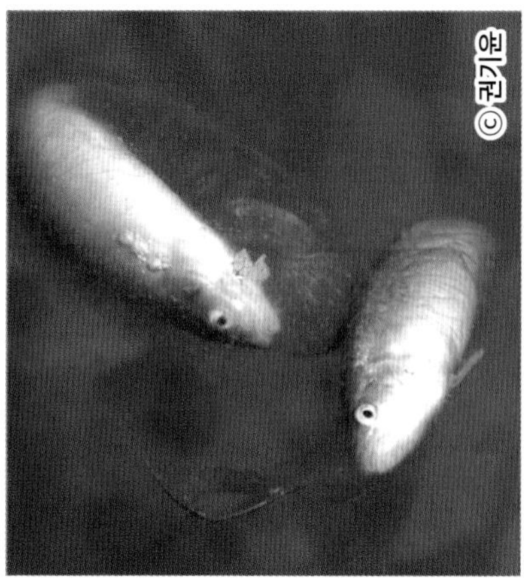

버들치가 알주머니 속으로 들어가 알을 먹기도 한다.

도롱뇽. 위험을 느끼면 꼬리를 들거나 좌우로 흔든다. 공격 행동이라기보다는 포식자 시선을 꼬리로 돌리려는 것으로 보인다.

도롱뇽과 > 꼬리치레도롱뇽속

2012년 서울대 민미숙 박사와 외국 학자들이 한반도에 사는 꼬리치레도롱뇽속(*Onychodactylus*) 종은 러시아에 사는 종과 다른 종이라는 것을 밝혔다. 그 뒤 한국꼬리치레도롱뇽은 경기도, 충청도, 전라도에 사는 종으로 기록되었고, 학명도 *Onychodactylus koreanus*로 변경되었다. 또한 경상도에 사는 종(*Onychodactylus* sp.)은 새로운 종으로 기록되었다.

▶ 우리나라 꼬리치레도롱뇽속 분포도

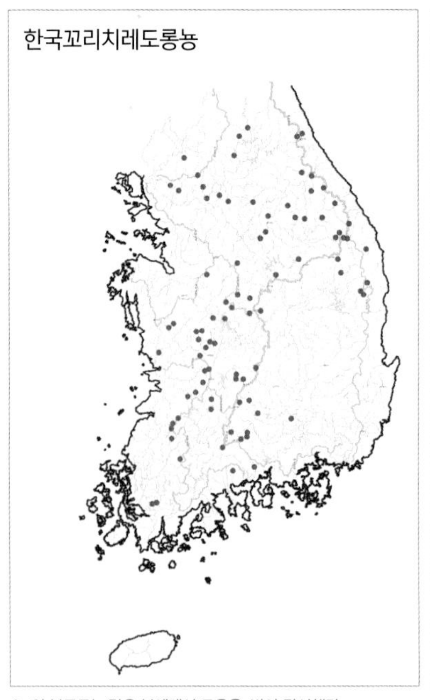

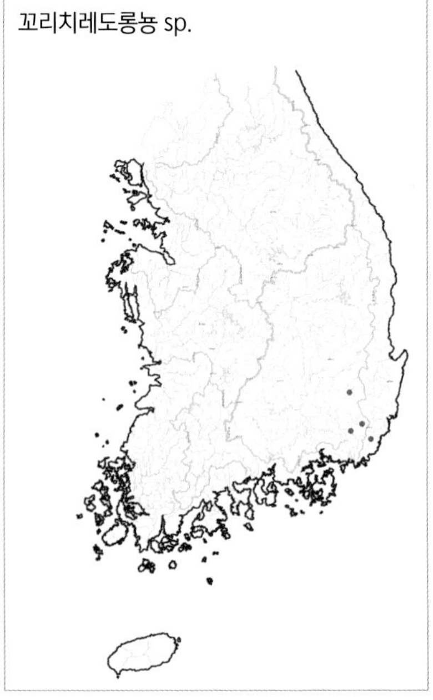

* *이 분포도는 많은 분에게서 도움을 받아 작성했다.*

속명(*Onychodactylus*)은 라틴어 onych(발톱)와 dactyl(발가락)을 합친 것으로, 유생과 번식기 성체 발가락 끝에 있는 까만 발톱에서 따온 말이다. 영명은 Clawed Salamander(발톱도롱뇽)다.

전체길이는 12~19cm로 도롱뇽 무리에서 가장 길며 꼬리가 유난히 길다. 등은 노란색, 황갈색, 보라색을 띠며 진한 반점이 온몸에 퍼져 있거나 등에 줄로 나타나기도 한다. 배는 등에 비해 밝으며 붉은빛이 도는 흰색이다. 앞발가락은 4개, 뒷발가락은 5개이며 유생과 번식기 성체 발가락 끝에는 까만 발톱이 있다. 번식기에 수컷은 꼬리 끝과 뒷발 뒷부분도 넓어진다. 성체는 폐가 없으며 피부와 입 속 피부로 숨 쉰다.

4~5월에 계곡 가장자리에서 보인다. 5~7월에 땅속으로 흐르는 물 주변 돌이나 바위에 수컷이 모여들며, 이곳을 찾은 암컷은 노란색 알이 6~26개 든 알주머니 2개를 돌이나 바위에 붙여 낳는다.

한국꼬리치레도롱뇽. 꼬리가 유난히 길며 노란색 바탕에 진한 무늬가 있다.

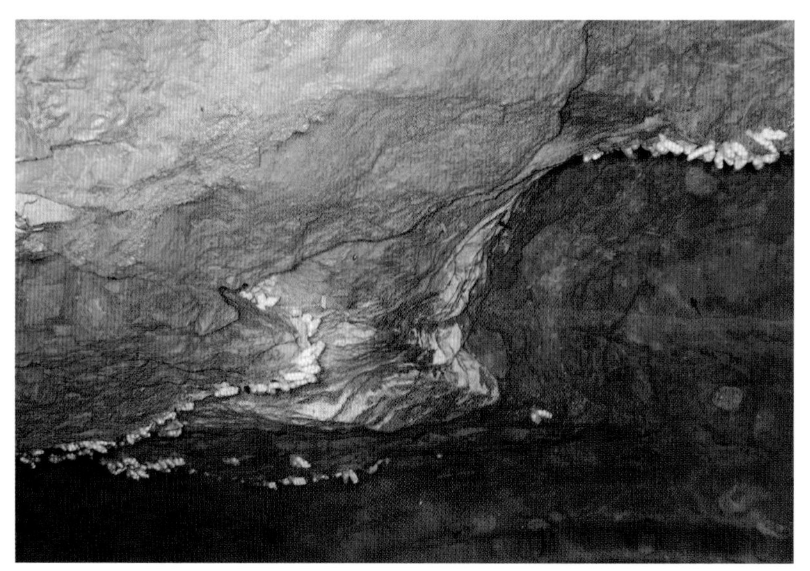

한국꼬리치레도롱뇽 알주머니. 물이 흐르는 땅속 바위 윗면이나 옆면에
노란 알이 든 알주머니를 붙여 낳는다.

한국꼬리치레도롱뇽 유생. 알주머니에서 180일 만에 부화하며, 물속에서 2~3년 생활한다.

한국꼬리치레도롱뇽. 번식기가 지나면 성체는 습기가 많은 계곡 주변 땅으로 올라와 생활한다.

발가락에 까만 발톱이 보이는 시기가 있다.

미주도롱뇽과 Plethodontidae

폐가 없어 피부로만 숨 쉬며 배로 바닥을 쳐 뛰어오르며 이동한다.

우리나라에는 2003년 미국인 스티븐 카슨(Stephen J. Karson)이 대전 장태산에서 처음 발견한 이끼도롱뇽 1종만 있다. 이끼도롱뇽 속명(*Karsenia*)은 스티븐 카슨 이름에서 따온 말이며, 국명은 이끼가 잘 자라는 계곡 너덜 지대에서 많이 관찰되는 데서 따왔다. 한편 전 세계에서 미주도롱뇽과는 도롱뇽 무리 가운데 종과 개체수가 가장 많다. 특히 아메리카와 유럽에 많이 살아 미주도롱뇽과라고 불린다.

전체길이는 6~10cm이며 가느다랗다. 몸 색깔은 썩은 낙엽색과 비슷하며, 등은 진한 갈색이나 적갈색 바탕에 작은 노란색 점이 있고 배에는 흰색 점이 있다. 눈이 툭 튀어나왔으며 꼬리

윗입술에서 콧구멍까지 이어진 홈이 있어 물을 통해 주변 냄새를 맡을 수 있다.

가 길다. 콧구멍에서 윗입술에 걸쳐 얕은 홈이 있다. 이 홈은 물을 통해 흙에서 나는 냄새를 코로 전달하는 역할을 한다.

폐가 없어 피부와 입 속 피부로 숨 쉰다. 피부로 숨 쉬려면 피부 아래 모세혈관을 지나는 혈액이 산소를 받아들일 수 있도록 피부가 늘 젖어 있어야 한다. 그래서 다른 도롱뇽 무리와 마찬가지로 대부분 습한 장소에서 숨어 지내다 서늘하고 습도가 높은 밤에 나와 활동한다. 기초대사율이 매우 낮아 아주 적은 에너지로도 살아남는다. 또한 먹이를 많이 먹으면 지방으로 따로 저장한다.

암컷은 지름 1mm 정도인 알 40~80개를 1년 정도 난소에 품으며 알은 4~5mm로 자란다. 이 가운데 6~12개만 수정 가능한 정도로 성숙하며 나머지는 퇴화한다. 가을이나 이듬해 봄에 짝짓기하며 수컷에게서 정포를 받아 몸에 지니고 있다가 필요할 때 수정시키는 것으로 보인다. 5~7월에 계곡이나 습한 너덜 지대, 동굴 속 돌 틈에 들어가 매달린 채로 윗면에 알을 하나씩 붙여 낳는다. 알 속에서 유생 시기를 보내며, 늦가을쯤 성체 모습으로 부화할 것으로 예상한다. 경사가 심한 곳에서는 배로 바닥을 쳐 튕겨 오르며 이동하기도 한다.

경사가 심한 곳에서는 배로 땅을 쳐서 뛰어 오른다.

오래된 피부 조직이 허물처럼 벗겨지기도 한다.

산거머리에게 잡아먹히기도 한다.

작은 계곡 주변 낙엽과 돌이 쌓인 곳에서 많이 보인다.

낙엽층이 두껍고 돌이 많은 너덜 지대에 산다.

무당개구리과 Bombinatoridae

피부에 돌기가 있고 등은 초록색이나 갈색이며 배는 붉다.

우리나라에는 무당개구리 1종이 있으며, 전국에서 보인다. 무당개구리과는 작고 원시적인 무리이며, 주로 유럽과 아시아에 퍼져 산다. 붉은 바탕에 검은 무늬가 있는 배가 무당 옷과 비슷하다고 해서 무당개구리라고 하며, 개구리를 만지고 나서 눈을 비비면 눈이 맵다고 해서 고추개구리라고도 한다. 제주도에서는 무당개구리를 말린 다음 갈아서 소화제로 썼기에 약개구리라고도 한다. 북한에서는 밝은 초록색을 비단과 연관 지어 비단개구리라고 한다.

백두대간 주변에 사는 개체는 등이 초록색이며 검은 무늬가 있다.

머리몸통길이는 4~5cm다. 몸은 꽤 납작하며 피부에 돌기가 있다. 등 색깔은 사는 곳에 따라 약간 다르다. 백두대간 주변에 사는 개체는 등이 밝은 초록색이며, 그 밖의 지역 개체는 연한 초록색이나 갈색 바탕에 검은 무늬가 있다. 배는 빨간색이나 노란색 바탕에 검은 무늬가 있으며 돌기가 없이 매끄럽다. 화려한 배 색깔은 적에게 먹이로서 맛이 없으며 독이 있다고 알리려는 꾀다.

4월 중순 지나서부터 8월까지 여러 번에 걸쳐 알을 낳는다. 등산로에 자동차가 지나가며 생긴 작은 웅덩이에서 수컷 여러 마리가 모여 낮게 "홍홍홍"하고 울면 암컷이 다가온다. 수컷은 암컷 등에 올라타 허리를 안고 포접한다. 여러 쌍이 같은 장소에서 무더기로 알을 낳는다. 알은 하나씩 낳지만 서너 개씩 뭉쳐 주변 식물이나 바닥에 붙는다.

번식지와 마찬가지로 계곡 주변이나 늪, 배수로 가장자리나 작은 진흙탕처럼 얕은 물가에서 주로 보인다. 공격을 받으면 머리와 다리를 높이 들고는 죽은 척하며 몸에서 끈적이는 물질을 분비한다. 분비물에 독이 있어 독개구리로 알려졌지만 사람 목숨을 위협할 만큼 위험하지는 않다.

백두대간을 제외한 다른 지역에는 등이 갈색인 개체가 더 많다.

등이 갈색이며 고동색 점 2개가 두드러지는 개체가 많다.

우리나라 개구리 가운데 유일하게 포접할 때 수컷이 암컷 허리를 잡는다. 알을 낳을 때는 수컷이 자기 총배설강을 암컷 총배설강에 맞추고자 몸을 ㄷ자로 꺾는다.

강원도 지역에는 초록색을 띤 개체가 많으며
가끔 하늘색을 띤 개체도 있다.

위험이 닥치면 다리와 머리를 위로 들어
붉은 배를 드러내려고 한다.

올챙이 머리 앞부분은 오각형에 가깝다.

두꺼비과 Bufonidae

몸이 크고 두툼하며 땅을 파고 들어가 집을 짓는다.

우리나라에는 두꺼비와 물두꺼비 2종이 있다. 두꺼비는 제주도를 제외한 모든 지역에 살며 물두꺼비는 강원도에서부터 경상도에 이르는 산과 계곡 지역을 중심으로 퍼져 산다. 속명(*Bufo*)은 라틴어로 두꺼비라는 뜻이다. 순우리말인 두꺼비는 체형이 두툼한 데서 따온 말이다.

앞다리보다 뒷다리가 길어 멀리 뛸 수 있는 개구리와 달리 두꺼비는 앞·뒷다리 길이가 비슷해 엉금엉금 기거나 낮고 짧게 뛸 뿐이다. 그래서 포식자를 마주치면 뛰어서 도망치기보다는 가만히 포식자를 바라보며 몸을 부풀리고 피부에서 진득진득한 액체를 분비한다. 몸을 지키는 이 액체는 머리 뒤쪽에 있는 귀샘에서 분비한다.

성체는 대개 뭍에서 생활한다. 구멍을 잘 파며 낮에는 대부분 구멍 속에 숨어 지낸다. 물두꺼비는 여름 동안 산 주변에서 지내며, 강원도 개체는 기온이 내려가는 8월 말부터 10월까지 겨울잠 잘 곳을 찾아 계곡으로 옮겨 간다. 이 무렵에 수컷이 암컷 등에 올라타 포접하며, 이대로 암수가 함께 이듬해 4월(산란기)까지 겨울잠을 자기도 한다.

다른 무리에 비해 번식기가 매우 짧다. 번식기에 수컷은 가까이에서 움직이는 작은 것이 있으면 무엇이든 달려들어 끌어안으려고 한다. 수컷들은 짝을 이루고자 암컷 한 마리를 두고 격렬하게 싸우며, 포접에 성공하면 암컷을 단단히 붙잡고 놓지 않는다. 수컷 앞다리 근육과 1~3번째 발가락에 사포처럼 꺼칠꺼칠한 혼인돌기가 있는 이유다. 개구리처럼 커다란 울음주머니가 없어 가냘픈 소리밖에 내지 못한다.

산란은 기온 영향을 많이 받는다. 포근한 날씨가 이어지면 한 번에 알을 낳기도 하지만, 알을 낳다가 추워지면 잠시 멈추었다가 날씨에 맞춰 3~4차례에 걸쳐 낳기도 한다. 물두꺼비는 물 흐름이 느린 곳에 있는 돌 아래에 목걸이처럼 생긴 알주머니를 낳고, 알주머니가 물살에 떠내려가지 않도록 물속 식물이나 돌에 감아 둔다. 자유롭게 헤엄치는 올챙이 단계를 거친 다음 탈바꿈한다.

포접한 두꺼비 쌍. 몸은 갈색을 띠며 머리는 두툼하고 온몸에 돌기가 있다.

두꺼비와 물두꺼비는 크기 차이가 많이 난다(춘천, 2007.10.6).

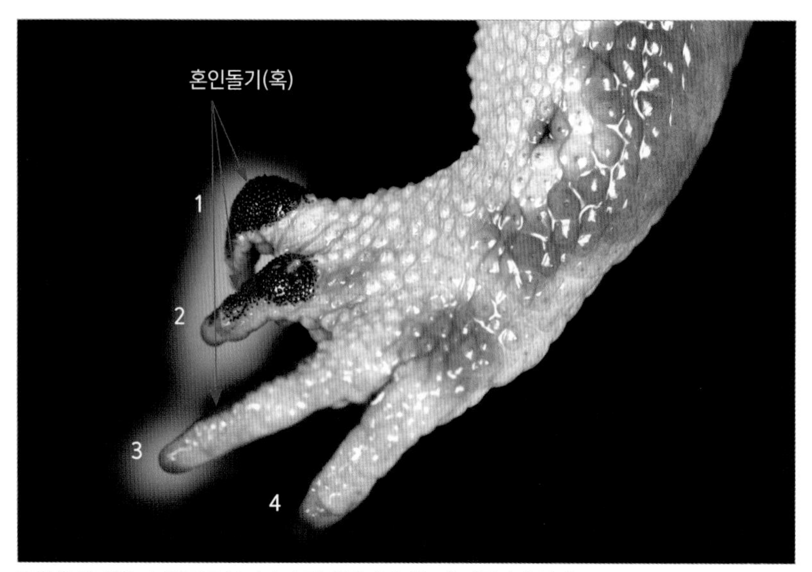

암컷을 꽉 안을 수 있도록 두꺼비 수컷 앞발가락에는 혼인돌기가 있다.

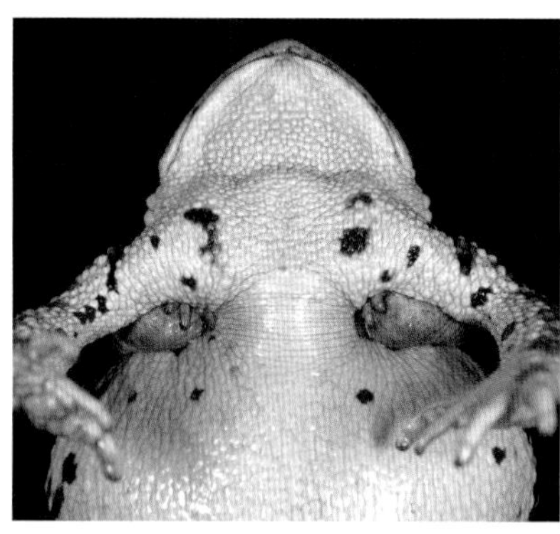

두꺼비 수컷이 짝짓기하고자 앞발 윗면으로 암컷 가슴을 꽉 끌어안은 모습

번식기에 두꺼비 수컷 여러 마리가
암컷 한 마리에 달려든 모습

포접한 채 헤엄치는 두꺼비 한 쌍

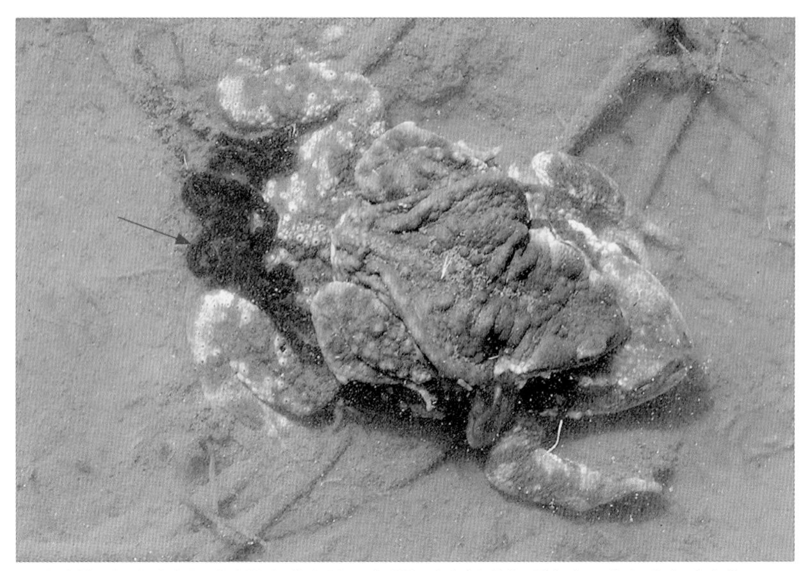

두꺼비 한 쌍. 암컷이 목걸이처럼 생긴 알주머니를 여러 차례에 걸쳐 낳으면 수컷이 여기에 정액을 뿌려 수정시킨다. 그런 다음 알을 끌고 다니며 주변 식물에 걸어 둔다.

물속 돌에다 알주머니를 감으며 알을 낳는 물두꺼비 한 쌍

같은 곳에서 무리 지어 낳은 두꺼비 알주머니

두꺼비 올챙이. 웅덩이 주변에 모여 있다가 비가 내리면 함께 산으로 옮겨 간다.

두꺼비. 번식기가 지나면 야산이나 인가 주변 땅을 파고 들어가 생활한다.

두꺼비. 주로 밤에 사냥한다.

청개구리과 Hylidae

발가락 끝이 통통하고 끈적끈적하며, 원형 흡반이 있어 미끄러운 곳을 오를 수 있다.

우리나라에는 청개구리와 수원청개구리 2종이 있다. 청개구리는 전국에 분포하는 반면 수원청개구리는 경기도, 충청도, 전라도, 강원도에 국지적으로 퍼져 산다. 청개구리라는 이름은 눈에 많이 띄는 번식기에 몸 색깔이 초록색인 데서 따온 말이다. 옛날에는 초록색 계열도 푸르다고 표했기에 청(靑) 자가 붙은 듯하다. 영명은 Tree Frog으로, 번식기가 끝나면 나무에서 쉬거나 먹이 활동을 하는 데서 따왔다.

개구리 무리 가운데 가장 몸이 납작해서 몸무게를 몸 전체에 고르게 나눌 수 있다. 그래서 나뭇가지나 이파리에서도 균형을 잡으며 움직인다. 앞·뒷발가락 끝이 통통하고 끈적끈적하며, 원

▶ **청개구리**

흡반이 발달하고 끈적이는 물질을 분비해 식물을 잘 타고 오른다.

형 흡반이 있어 미끄러운 곳도 쉽게 오른다. 이런 특징 때문에 다른 개구리류와 달리 화장실, 수조, 하수관 등에서 살기도 한다.

어두운 곳에 있으면 몸 색깔이 갈색으로 바뀌기도 하지만, 주변 환경보다는 기온에 따라 몸 색깔이 바뀌는 일이 더 많다. 기온이 낮은 가을부터는 대개 짙은 갈색이며, 기온이 오르는 봄부터는 다시 초록색으로 변한다.

청개구리는 4~7월에 물이 있는 논이나 웅덩이 주변에서 수컷이 울음소리로 암컷을 불러 번식한다. 번식이 끝나면 농로나 야산 근처에 있는 나무나 건물로 올라가 낮에는 틈에 숨어 지내다가 밤이면 나뭇잎이나 가로등 주변으로 나와 먹이를 찾는다. 그런가 하면 수원청개구리는 논에서 번식한 다음에도 멀리 이동하지 않는다. 논에서 자라는 벼나 콩, 옥수수 같은 작물에서 생활한다.

낮에는 틈에 숨어 지내고 밤에는 나무로 올라가 먹이를 찾는다.

벼 베기가 끝나갈 무렵이면 몸 색깔이 대부분 갈색으로 변한다.

번식기에 수컷은 땅에서 운다.

나무에서 우는 수컷

알을 낳는 한 쌍

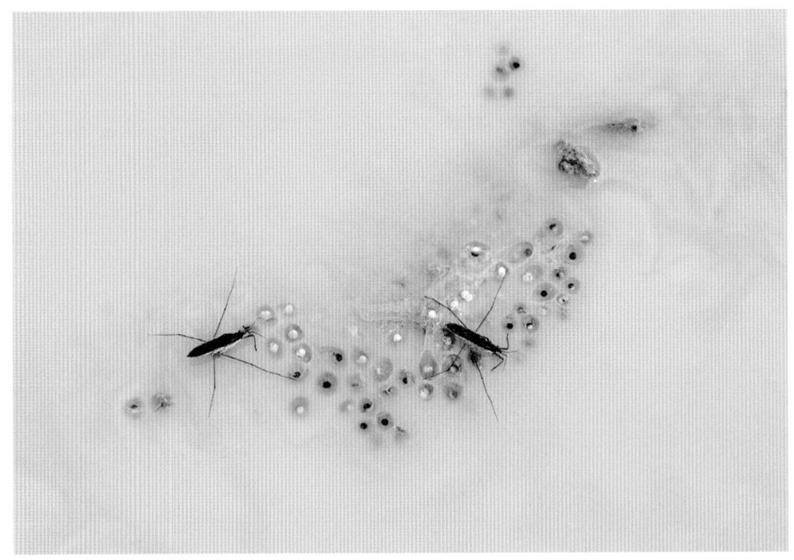

알은 1~20개씩 모여 물에 떠 있다. 소금쟁이가 먹기도 한다.

번식기에 수컷은 대개 벼 같은 벼과식물을 잡고 올라가 운다.

4월 말에서 5월 중순 사이 낮에는 수컷이 땅에서 울기도 한다.

벼가 자란 시기, 밤에 벼를 잡고 우는 수컷

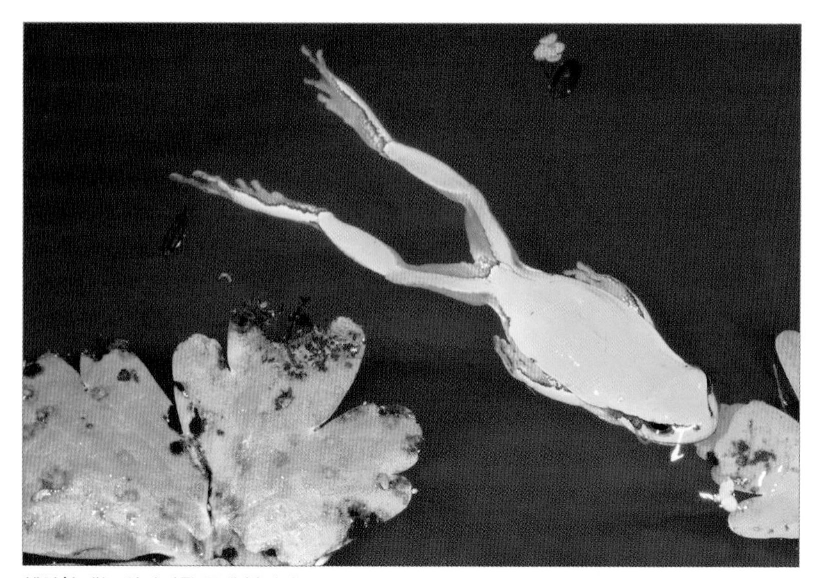

헤엄칠 때는 앞다리를 몸에 붙인다.

드렁허리가 파놓은 구멍으로 들어가 겨울잠을 자는 모습. 보통은 10월 무렵 진흙이 물렁물렁할 때 뒷발을 써서 틈을 비집고 들어간다.

암컷은 한 번에 알을 1~4개 낳고, 여기에 수컷이 정액을 방출해 수정시킨다. 이 행동을 반복하며 알을 200~300개 낳는다.

꼬리가 사라지기 전에 뭍으로 오른다.

맹꽁이과 Microhylidae

열대성 개구리 무리로 장마철에 비가 많이 내리면 생겼다 사라지는 웅덩이에 알을 낳는다.

우리나라에는 맹꽁이 1종이 전국에 산다. 맹꽁이라는 이름은 번식기 수컷 울음소리에서 따온 말이다. 맹꽁이는 "맹맹맹" 또는 "꽁꽁꽁" 등 한 음절을 반복하며 우는데, 번식기에는 여러 수컷이 박자를 맞추며 울기에 우리 귀에는 "맹꽁, 맹꽁, 맹꽁"하고 들린다. Digging Frog라는 영명은 뒷발로 땅을 파고 들어가는 모습에서 따왔다. 그래서 쟁기발개구리로 번역하기도 한다.

머리에 비해 몸이 크고 둥글다.

몸통이 둥글고 머리가 작으며 다리가 매우 짧아 대체로 작고 둥그스름하다. 뒷발은 땅을 파기에 알맞게 생겼다. 열대에 널리 퍼져 살며 땅이나 나무에서 생활한다. 낮에는 땅속, 낙엽, 쓰러진 나무 아래에 구멍을 파고 들어가 지내다가 밤에 밖으로 기어 나와 돌아다니며 먹이를 찾는다. 그래서 번식기말고는 눈에 잘 띄지 않는다.

5~8월, 특히 장마철에 비가 많이 내리고 나면 생겼다 사라지는 웅덩이에다 한 번에 15~50개씩, 모두 2,000개 정도 알을 낳는다. 알은 수면에 달걀 프라이처럼 뜬다. 우리나라에 사는 양서류 가운데 가장 더울 때 알을 낳기에 부족한 용존산소만큼 공기 속 산소를 얻고자 이런 모양으로 알을 낳는 것으로 보인다.

알은 36시간 이내에 부화한다. 올챙이는 유난히 몸이 둥글며 눈이 바깥쪽에 붙어 있어 다른 올챙이와 구별된다. 그리고 다른 올챙이와 달리 입 주변에 순치가 없어 먹이를 갉아 먹지 못하고 끈적이는 녹조류를 따 먹는다. 올챙이는 24~29일 만에 탈바꿈을 끝내고 땅으로 올라온다.

알비노 개체. 몸을 부풀려서 물에 뜬다.

헤엄칠 때는 앞다리를 앞으로 뻗고 뒷다리를 움직이며 나아간다.

낮에는 주로 땅속이나 물풀 틈으로 들어가
숨어 지내며, 밤에 밖으로 나와
먹이를 찾는다.

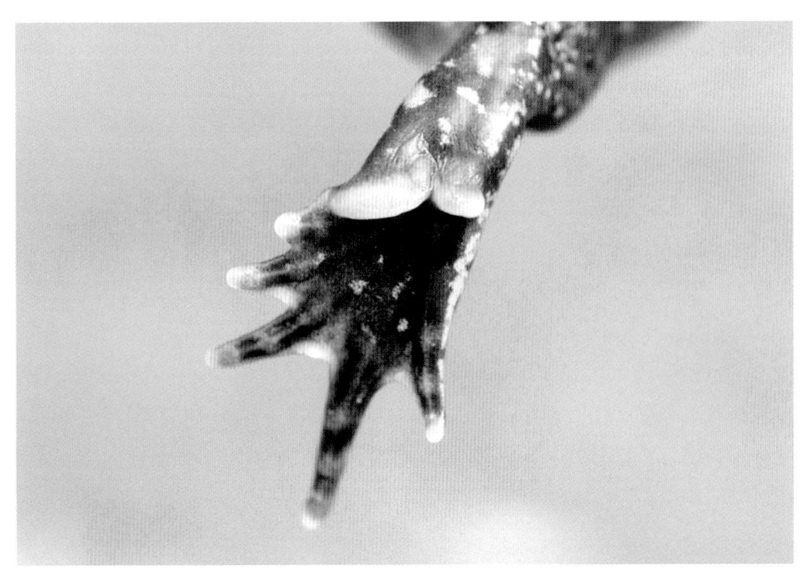

땅을 파기에 알맞게 발바닥에 돌기가 있다.

콘크리트 벽 모서리를 타고 오를 수 있다.

기어오르는 능력이 뛰어나 수직 그물망도 타고 오른다.

공격을 받으면 포식자가 삼키지 못하도록 몸을 최대한 부풀린다.
더욱 공격을 받으면 흰색 진액을 분비한다.

번식기에 수컷은 암컷 등에 올라타며 총배설강 위치를 맞춘다.

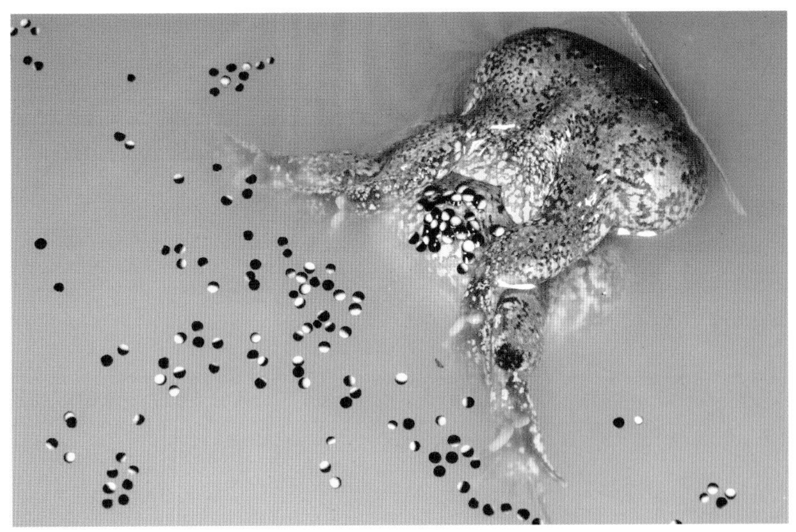

알을 낳을 때는 암수 모두 머리를 물속에 박고 총배설강을 물 위로 오게 한다.
암컷이 알을 낳으면 수컷이 수정시킨 다음 주변으로 퍼트리며 이 과정을 반복한다.

개구리과 Ranidae

앞다리에 비해 뒷다리가 길어 멀리까지 펄쩍 뛸 수 있다.

우리나라에는 참개구리속 2종(참개구리, 금개구리), 옴개구리속 1종(옴개구리), 산개구리속 3종(한국산개구리, 산개구리, 계곡산개구리), 황소개구리속 1종(황소개구리)으로 모두 7종이 산다. 극지방을 제외한 거의 모든 지역에서 볼 수 있어 개구리 무리 가운데 가장 널리 퍼져 산다. 과명(Ranidae)은 라틴어로 개구리를 뜻하는 rana에서 따온 말이다.

몸은 유선형이고, 뒷다리는 길고 근육이 잘 발달했으며, 뒷발에는 물갈퀴가 있어 뛰어오르고 헤엄치는 데 알맞다. 피부는 매끄럽고 갈색이나 녹색을 띤다. 개구리과 모든 수컷은 번식

▶ 산개구리

수컷 두 마리가 암컷과 포접하고자 경쟁한다.

기에 암컷을 끌어안을 수 있도록 앞발가락에 거칠거칠한 혼인돌기가 생긴다. 금개구리와 옴개구리는 암컷에 비해 수컷이 유난히 작을 때가 많다. 그래서 암컷 등에 올라탄 수컷이 마치 말에 올라탄 기수처럼 작아 보인다.

산개구리속은 겨울이 지나고 얼음이 녹을 즈음 야산 주변 고인 물에 알을 낳는다. 이 무렵에는 수컷이 암컷 등에 올라타 앞발로 암컷 가슴을 끌어안은(포접 행동) 채로 암수가 얼음 밑을 헤엄치는 모습이 가끔 눈에 띈다. 수백 쌍이 비슷한 장소에서 함께 공 모양 알덩이를 낳는다. 집단 산란은 초봄에 알이 어는 것을 막고자 나타난 적응 현상이다. 알덩이 하나에는 알 수백에서 수천 개가 들어 있다. 두꺼운 우무질로 이루어진 알덩이는 단열재 역할을 하며 검은색인 알은 태양 광선에서 열을 흡수한다. 그래서 알덩이 속 온도가 주변 수온보다 6도나 높을 때도 있다.

참개구리속은 4월 중순부터 7월 사이에 알을 낳는다. 이 시기는 산개구리속이 알을 낳을 때보다 수온이 높고 용존산소가 적을 때다. 그래서 참개구리 알덩이는 알 발생 경과에 따라 수면으로 넓게 풀어지며 공기 속 산소를 공급받고, 금개구리는 알덩이가 물속에 가라앉지 않

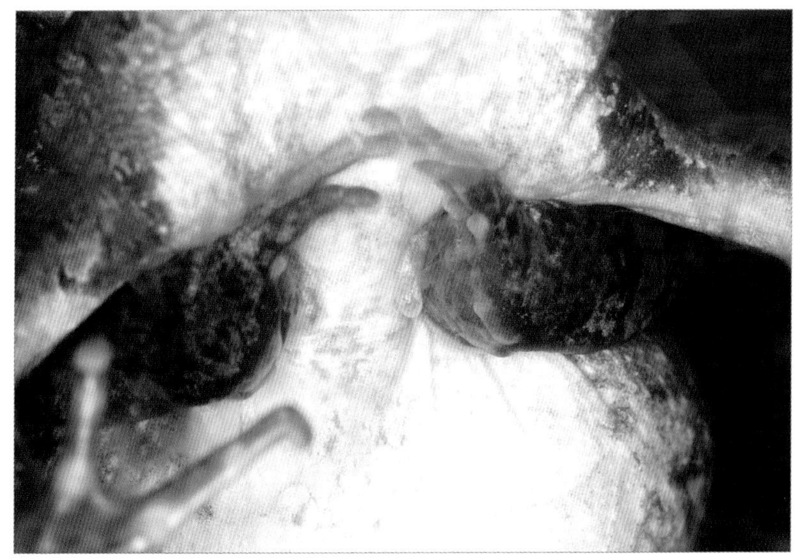

수컷은 1, 2번째 앞발가락 윗부분에 있는 혼인돌기로 암컷 가슴을 꼭 끌어안는다.

도록 알덩이 10~50개를 여러 번 나눠서 물풀에 걸쳐 낳는다. 옴개구리도 작은 알덩이를 여러 번 나눠서 물풀에 걸쳐 낳는다. 금개구리와 옴개구리 알은 노란색을 많이 띤다.
황소개구리는 5~8월에 수컷이 어른 허리 깊이쯤 되는 농수로에 자라는 물풀을 눌러 알 낳을 자리 만들고, 거기에 암컷이 크기가 작은 알 40,000개 정도를 낳는다. 이후 알덩이 속에서 알에 산소를 공급해 주는 작은 기포가 생긴다. 이 때문에 알덩이와 흰 거품이 뒤섞여 멀리서도 눈에 띈다.

추위에 알 윗부분이 얼었다.

물을 머금어 팽팽해진 알덩이

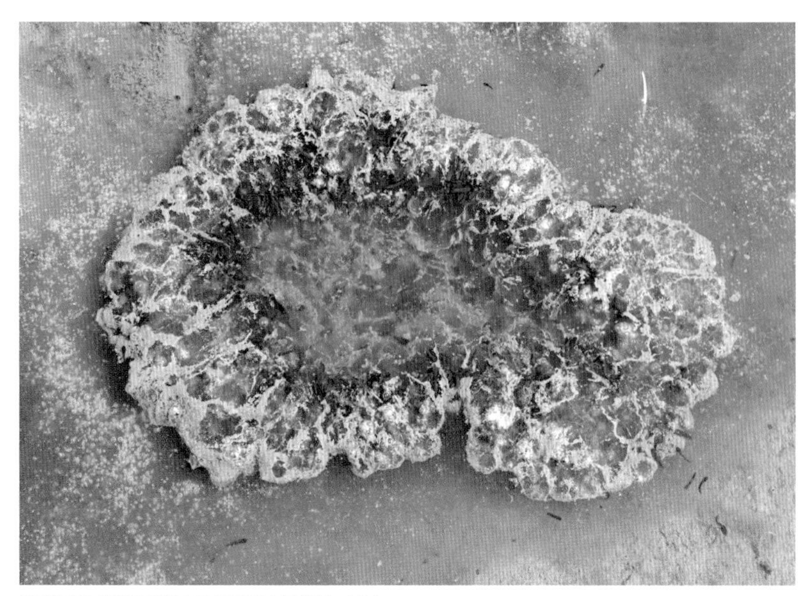

산개구리 알덩이에서 유생들이 부화하는 모습

올챙이는 대부분 식물성을 먹지만 죽은 동물을 먹기도 한다.

▶ 참개구리

번식기에 수컷은 울음소리로 암컷을 부른다.

긴 뒷다리로 헤엄친다.

아주 가끔 동종포식이
일어나기도 한다.

밭에 있는 돌이나 비료 포대 밑으로 들어가
겨울잠을 자기도 한다.

▶ **금개구리**

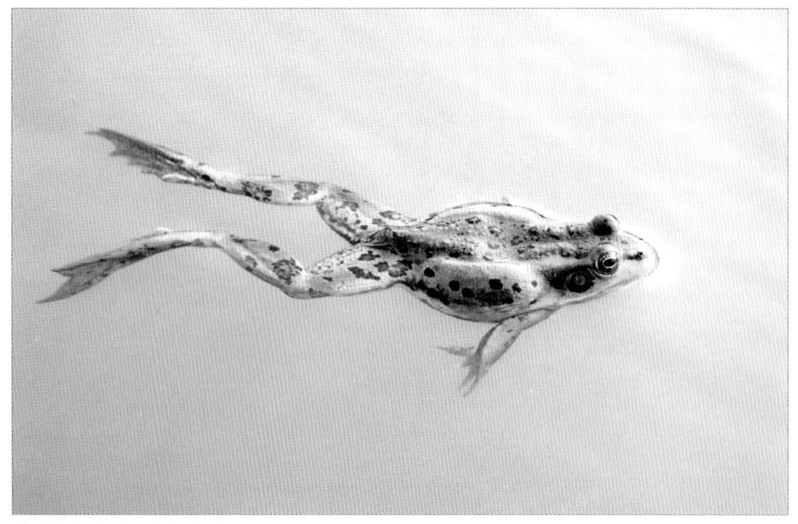

앞다리보다 뒷다리가 길다.

자라과 Trionychidae

등갑이 말랑말랑하며 목을 길게 뻗을 수 있다.

원래 우리나라에는 자라 1종만 있었으나 자라를 중국자라 학명으로 기록하면서 2종이 혼동되었다. 정부 기관에서 농촌 수입을 증대시키고자 중국과 동남아에서 중국자라 유생을 대거 수입해 하천에 풀면서 현재 우리나라에는 자라와 중국자라 2종이 산다.
자라와 중국자라는 생김새와 유전 정보가 매우 비슷해 같은 종일 가능성도 있다. 중국자라는 식재료로 양식하며 등갑이 푸른색이어서 '청자라'라고 하기도 한다. 한편 자생하는 자라는 등갑이 노란색이어서 양식 중국자라와 구별하고자 '토종자라'라고 하기도 한다.

▶ 자라

늘어나는 코 끝에 콧구멍이 2개 있다.

전체길이가 25~40cm이고, 황록색이나 황갈색을 띠며 편평하다. 등갑 가장자리에 뼈가 없는 대신 인대나 연골로 이어지며 거칠거칠한 피부로 덮여 있다. 목은 길고 잘 늘어나거나 줄어들며, 주둥이는 좁고 긴 대롱 모양이다. 발은 4개이며 노 모양이고, 발에는 발톱이 있는 발가락 3개가 보인다. 배갑은 퇴화했고 뼈 사이에 커다란 틈이 있다. 자라는 배갑이 노란색이며 중국자라는 흰색이다.

민물에 산다. 낮에는 얕은 물속 모래를 파고 들어가 숨어 지내며, 주로 밤에 활동한다. 곤충을 비롯한 갑각류, 조개류, 어류 등을 먹는 육식성이다. 알은 지름이 2.5~3cm이며 공 모양이고 암컷 한 마리가 알을 5~40개 낳는다.

목을 길게 뻗을 수 있다.

앞·뒷발로 모래를 판다.

강이나 저수지 물 위로 솟은 돌에서 일광욕한다.

다리를 쭉 뻗고 머리를 들고 일광욕하는 모습

저수지나 강가 부드러운 흙이나 왕겨층 속에 동그란 알을 낳는다.

▶ 중국자라

등갑 곡선 부분 뒤쪽(살로만 이루어진 부분)이 자라에 비해 좁다.

남생이과 Geoemydidae

등에 기다란 돌기가 3개 있으며 꼬리를 뒤로 뻗고 헤엄친다.

우리나라에는 남생이 1종만 있다. 전체길이가 15~30cm이며 암컷이 수컷보다 훨씬 크다. 등갑은 딱딱한 골판 여러 개로 이루어지며 얇은 가죽에 싸여 있다. 또한 가운데와 좌우에 기다란 돌기가 3개 있어 다른 거북과 구별된다. 등갑은 대체로 검은색, 암갈색, 황갈색을 띤다. 머리는 대개 초록빛을 띠며 옆면에 노란색 가는 줄이나 점이 있다. 머리와 다리를 등갑에 넣을 수 있다. 꼬리가 길며, 걷거나 헤엄칠 때 몸 뒤쪽으로 쭉 뻗는다.

잡식성으로 습지대 물풀이나 작은 곤충, 달팽이나 물고기 등을 먹는다. 죽은 물고기를 먹기도 한다. 주로 겨울잠을 자기 앞서 10~11월에 짝짓기를 한 다음 이듬해 6~7월에 길쭉한 알

머리에 비해 몸이 크고 둥글다.

을 2~13개 낳는다. 65~71일이 지나면 새끼가 입 앞쪽에 난 흰색 난치로 알을 찢고 나온다. 방생 행사에 쓰려고 들여오던 붉은귀거북이 2001년부터 수입 금지되자 대신 중국산 남생이를 들여와서 큰 절 주변에 많은 개체를 놓아주었다. 유전자 분석으로 우리나라 고유 남생이를 확인한 지역은 충북 대청호와 전남 월출산 주변이다.

등갑은 검은색이나 갈색을 띤다.

머리를 등갑에 넣을 수 있다.

야산 낙엽과 흙에 들어가 숨어 지낸다.

물속에서도 흙을 파고 들어가 숨는다.

풀 뒤에 숨기도 한다.

저수지 주변 야산에 흙을 파고
알을 낳는다.

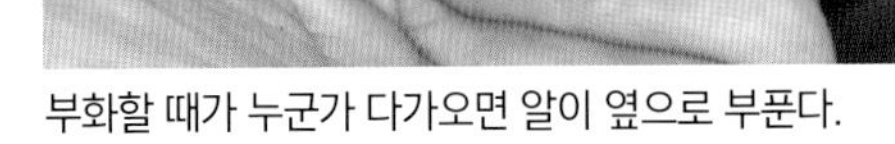

부화할 때가 누군가 다가오면 알이 옆으로 부푼다.

갓 부화한 개체에는 흰색 난치가 있다. 난치로 알을 찢고 나온다.

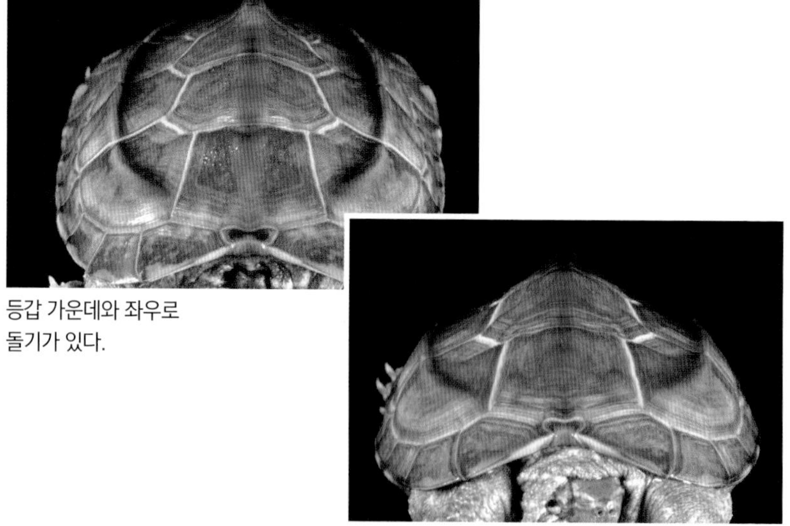

등갑 가운데와 좌우로
돌기가 있다.

가운데가 유난히 높이 솟은 개체도 있다.

등에 솟은 돌기는 배에서 키와 같은 역할을 한다.

콧구멍이 앞에 있어 물 밖으로 코를 내밀고 숨 쉬기에 알맞다.

지렁이를 먹는다.

걸어가면서 남긴 발자국과 꼬리 흔적

늪거북과 Emydidae

애완용으로 수입되었다가 방생 행사에 쓰이면서 우리나라에 정착했다.

원산지는 북아메리카이며 우리나라에는 애완용으로 수입되었다. 그러다 방생 행사에 쓰인 뒤로 전국으로 많이 퍼졌다. 늪거북 무리를 영어로는 Pond Turtle이라고 하며, 대표 종으로는 *Trachemys*속 붉은귀거북(아종인 노란배거북, 컴버랜드거북 포함), *Pseudemys*속 강쿠터, 반도쿠터, 플로리다붉은배쿠터 같은 쿠터 무리와 *Chrysemys*속 비단거북 등이 있다. 요즘은 우리나라에서도 붉은귀거북과 쿠터 무리가 낳은 알이 많이 보인다.

전체길이는 수컷 약 15cm, 암컷 20~28cm다. 등갑은 부드러운 원형이며 진초록색 바탕에 노란색 줄이 있다. 다 자란 수컷은 앞·뒷발톱이 암컷보다 2배 정도 길다.

우리나라 자연에서 살아가는 강쿠터

주로 물이 많고 흐름이 약한 호수나 강에 살며, 특히 주변에 물풀이 많은 곳을 좋아한다. 알을 낳을 때 말고는 물가를 떠나지 않는다. 암컷은 5~7월에 습지 주변 땅으로 이동해 부드러운 흙을 2.5~10cm 깊이로 파고 그 안에다 알을 5~22개 낳는다. 부화하는 데는 2~3개월이 걸리며, 번식할 수 있을 만큼 자라기까지는 수컷 1년, 암컷 3년이 걸린다. 어릴 때는 육식성이지만 자라면서 초식성으로 변한다.

우리나라 자연에서 부화한 붉은귀거북

일광욕하는 붉은귀거북

외연도 연못에서 헤엄치는 붉은귀거북

붉은귀거북 아종인 노란배거북. 붉은귀거북 수입이 금지되면서 대신 들여왔다.
눈 뒤에 붉은 줄이 없다.

흑화 현상이 나타나 대체로 까만 붉은귀거북도 있다.

도마뱀부치과 Gekkonidae

미끄러운 벽을 기어오를 수 있으며 소리를 낸다.

우리나라에는 도마뱀부치와 집도마뱀부치(가칭) 2종이 있다. 도마뱀부치는 부산, 마산, 목포에 사는데, 미토콘드리아 DNA 분석 결과 일본 도마뱀부치와 정보가 일치해 일본에서 유입된 외래종일 가능성이 크다. 집도마뱀부치는 우리나라에서 1885년(Boulenger, Cat. Liz. Brit. Mus., I , 1885, p.120)과 2008년(월간 자연과생태)에 관찰된 기록이 있지만 번식하며 살아간다는 기록은 아직 없다.

▶ 도마뱀부치

주변 환경에 따라 몸 색깔을 바꿀 수 있다.

도마뱀부치는 몸은 회색 계열이며 밝거나 어둡게 몸 색깔을 바꿀 수 있다. 온몸에 작은 육각형 알갱이 같은 비늘이 덮여 있다. 총배설강 좌우에 돌기 2~3쌍이 있다. 발바닥에 가늘고 곧은 비늘이 여러 줄 있어 미끄러운 벽도 기어오를 수 있다. 혀는 길지 않지만 눈을 덮은 투명한 막을 혀로 잘 핥으며, 물도 핥아 마신다.

성대가 있어 몸을 보호하거나 포식자에게 반항할 때, 교미할 때 등 상황에 따라 다른 소리를 낸다. 공격을 받으면 방어 행동으로 꼬리를 잘라 내며, 꼬리는 다시 자란다. 낮에는 포식자를 피해 건물이나 담장, 땅 틈에 숨어 지내며 주로 밤에 나와 가로등 주변이나 인가에서 나방 같은 곤충을 잡아먹는다.

4월부터 보인다. 5~8월에 습도가 높은 건물 틈이나 구석에 알을 1~2개 낳는다. 여러 쌍이 같은 곳에 알을 낳기도 한다. 새끼는 입 끝에 있는 뾰족한 난치 1쌍을 써서 알을 뚫고 나온다. 알에서 나오고 나면 난치는 사라진다.

색이 밝은 개체

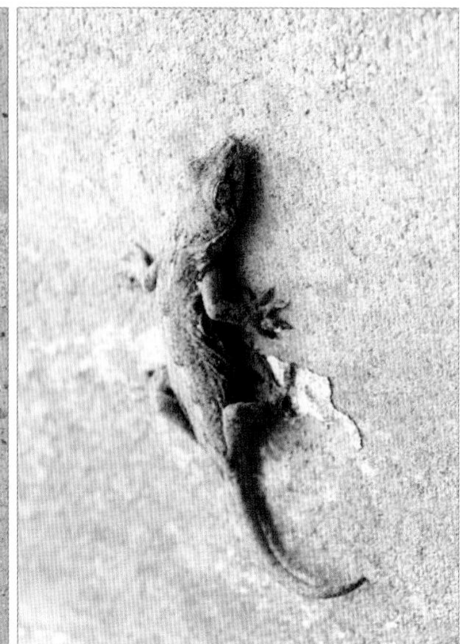

벽에 잘 붙는다.

허물을 벗는다.

소리를 낸다.

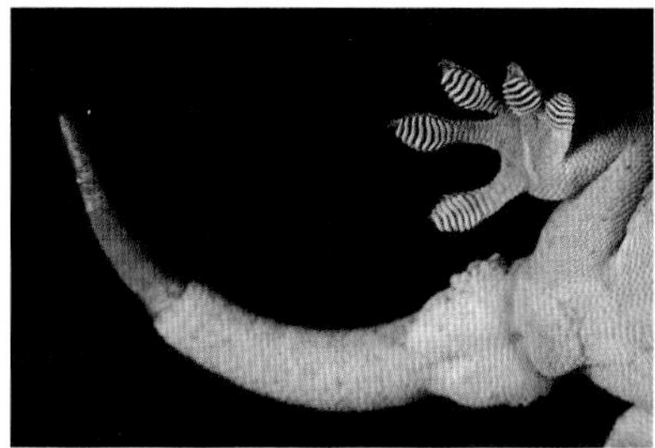

잘린 뒤에 다시 자라는 꼬리는 원래 꼬리보다
짧고 딱딱하다.

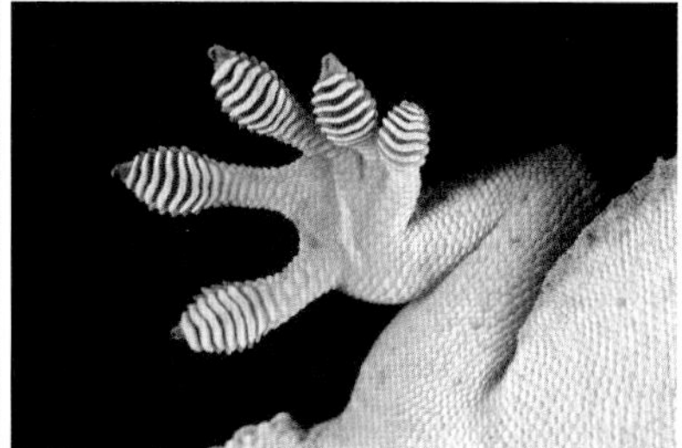

발바닥에 가는 비늘이 여러 줄 있어
벽에 잘 붙는다.

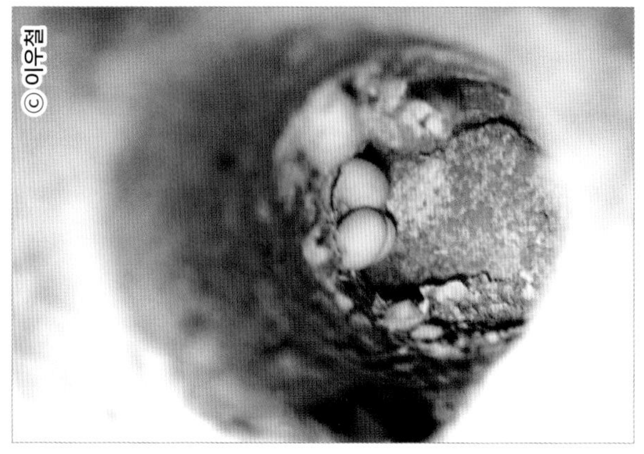

건물 틈이나 수로 등에
알을 1~2개 낳는다.

▶ 집도마뱀부치

색이 밝은 개체. 도마뱀부치보다 머리가 더 길고 뾰족하다.

나무에 붙은 모습

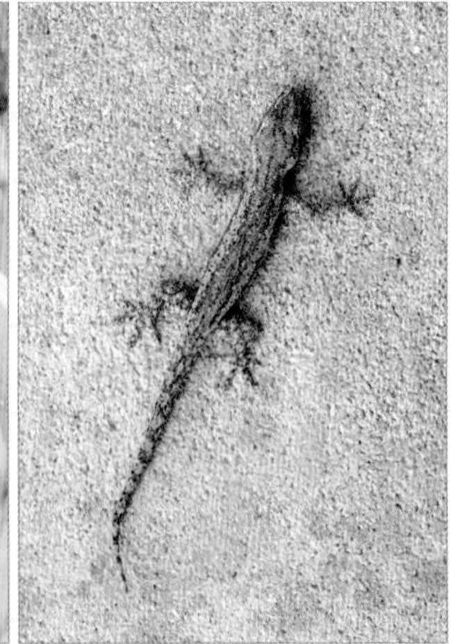

벽에 붙은 모습

도마뱀과 Scincidae

습한 낙엽층에서 작은 곤충이나 지렁이를 먹는다.

우리나라에는 도마뱀, 북도마뱀 2종이 있다. 알을 낳는 도마뱀은 중부에서 제주도까지 보이지만 새끼를 낳는 북도마뱀은 강원도를 중심으로 보인다.

전체길이는 9~14cm이며, 머리끝이 뾰족하다. 등은 갈색에서 진한 갈색 바탕에 검은 점이 있다. 배는 밝은 갈색이며 광택이 있는 비늘로 촘촘하게 덮여 있다. 장지뱀과와 달리 서혜인

▶ 도마뱀

낙엽이 많고 습한 환경을 좋아한다.

공이 없다. 꼬리는 끝이 뾰족하며 쉽게 끊어진다. 포식자에게 꼬리가 잡히면 얼른 끊어 낸 다음, 끊어진 꼬리가 꿈틀거리며 시선을 끄는 사이 도망치는 전략에서 비롯한 특징이다. 도마뱀이라는 이름도 꼬리가 도막나는 데서 따왔을 가능성이 있다. 도마뱀부치과처럼 잘린 뒤에 다시 자라는 꼬리는 원래 꼬리보다 짧고 뻣뻣하다.

낙엽이 많고 습한 산간 풀밭이나 묵은 밭 같은 너덜 지대에 살며 곤충, 지렁이, 노래기 등을 먹는다. 도마뱀은 6~7월에 썩은 나무나 두꺼운 낙엽층 아래에 알을 2~9개 낳으며, 북도마뱀은 7~8월에 새끼를 3~6마리 낳는다.

돌 밑에 모여 있기도 한다(가거도).

지렁이를 먹는다.

▶ 북도마뱀

잘린 꼬리가 다시 자란 암컷이 새끼를 밴 모습

장지뱀과 Lacertidae

온몸이 건조하고 거친 비늘로 덮여 있으며, 빠르게 달리거나 민첩하게 움직인다.

우리나라에는 산속에서 주로 생활하는 아무르장지뱀, 인가 주변 습지나 계곡, 경작지 주변 풀밭에서 생활하는 줄장지뱀, 모래땅이 잘 발달한 바닷가나 큰 강 주변에서 생활하는 표범장지뱀 3종이 있다.

건조하고 거친 비늘로 온몸이 덮여 있다. 등은 황갈색이나 적갈색을 띤다. 아무르장지뱀은 몸통 옆면에 거칠거칠하고 진한 갈색 줄이 있으며, 줄장지뱀은 흰색과 진한 갈색 줄이 있고, 표범장지뱀은 이름처럼 표범 무늬와 비슷한 점이 있다. 도마뱀 무리처럼 꼬리가 쉽게 끊어진다. 뒷다리 허벅지 안쪽에는 호르몬을 분비하는 서혜인공이 있다(아무르장지뱀 3~4쌍, 줄장지뱀 1쌍, 표범장지뱀 11~12쌍).

아무르장지뱀은 주로 산속에서 보인다.

대체로 도마뱀 무리보다 건조한 지역에서도 살며, 땅에서 빠르게 움직인다. 표범장지뱀은 모래땅에서도 잘 달린다. 체온이 높은 상태에서 움직여야 하기 때문에 주로 따뜻한 낮에 활동하며, 4월부터 보인다. 아무르장지뱀은 6~7월에 썩은 나무나 낙엽 밑에 길쭉한 알을, 줄장지뱀은 흰색 달걀 모양 알을 낳으며, 표범장지뱀은 모래를 파서 그 안에다 길쭉한 알을 낳는다.

몸에 흰색과 갈색 줄이 뚜렷한 줄장지뱀

모래를 파고 들어가는 표범장지뱀

뜨거운 모래에서 일광욕하며 체온을 조절하는 표범장지뱀

흙 속에 낳은 줄장지뱀 알

모래 속에 낳은 표범장지뱀 알

뱀과 Colubridae

다리, 눈꺼풀, 귓구멍이 퇴화했고 몸이 길다.

우리나라 뱀과에는 *Elaphe*속 2종(구렁이, 누룩뱀), *Oocatochus*속 1종(무자치), *Rhabdophis*속 1종(유혈목이), *Orientocoluber*속 1종(실뱀), *Lycodon*속 1종(능구렁이), *Hebius*속 1종(대륙유혈목이), *Sibynophis*속 1종(비바리뱀)으로 모두 8종이 있다.

침에 독성이 있기는 하지만 사람에게 해를 줄 만큼 독성이 심하지 않다. 유혈목이는 손가락을 입 깊숙이 집어넣어 독액을 주입하는 어금니에 물리는 게 아니면 크게 위험하지 않다. 종이 많은 만큼 생태도 다양해서 연구가 많이 이루어지는 과다.

능구렁이가 산개구리를 먹는 모습. 큰 먹이는 머리부터 먹는다.

네 다리가 사라져 복판에 있는 커다란 비늘을 써서 움직인다. 복판은 근육으로 2쌍 이상인 늑골과 이어지며, 근육이 복판을 안팎으로 기울이거나 앞뒤로 당긴다. 그래서 다리가 없지만 땅에서 이동하기, 헤엄치기, 나무 오르기에 능숙하다.

다리와 마찬가지로 눈꺼풀과 귓구멍도 사라졌고, 혀는 두 갈래로 갈라졌다. 몸이 길고 좁아서 내장 기관도 좌우가 아니라 앞뒤로 연결되었다. 폐 한쪽도 거의 퇴화했다. 몸 색깔은 노란색, 검은색, 붉은색, 초록색 등 다양하며, 무늬도 없거나 다양하다.

변온동물이어서 비가 내리거나 습한 날이 이어지다가 날이 개면 체온을 올리고자 등산로나 도로로 나와 일광욕을 한다. 그러나 너무 급격히 체온이 오르면 오히려 기절하거나 생명이 위험해진다. 굴속에서 여러 종이 함께 모여 겨울잠을 자며, 추위에 유난히 약한 능구렁이가 가장 먼저 겨울잠에 든다.

구렁이(먹구렁이, 황구렁이), 누룩뱀은 주로 쥐 같은 설치류를 먹으며, 무자치, 유혈목이, 능구렁이는 물고기나 개구리를 먹는다. 실뱀, 비바리뱀은 도마뱀이나 장지뱀 무리를 먹으며, 대륙유혈목이는 지렁이나 올챙이를 먹는다. 능구렁이는 먹이를 오랫동안 먹지 못하면 쇠살모사나 무자치 같은 뱀을 잡아먹기도 한다.

누룩뱀이 금개구리를 먹는 모습. 먹이가 너무 크면 턱이 빠진다.

무자치는 참개구리 몸을 휘감아 조여 질식시킨다.

유혈목이가 참개구리를 먹는 모습. 작은 먹이는 부위 상관없이 문 곳부터 먹는다.

유혈목이는 끝이 두 갈래로 갈라진 혀를 자주 내밀어서 너불매기라고도 한다.

황구렁이는 나무를 잘 탄다.

길쭉한 누룩뱀 알. 낳은 알을 감싸고 있기도 한다.

바위틈으로 먹구렁이가 이동한다.

살모사과 Viperidae

송곳니로 먹이를 재빨리 물어 독을 주입한다.

우리나라에는 쇠살모사, 살모사, 까치살모사 3종이 있다. 살모사라는 이름 뜻이 '어미를 죽이는 뱀(殺母蛇)'이라는 설명이 있지만 사실과 거리가 멀다. 어미는 새끼를 낳느라 온 힘을 쏟아 부은 나머지 기운이 없어 그저 새끼 곁에서 가만히 있을 뿐이다. 예전에 살무사라는 이름을 한자로 표기하면서 생태를 오해해 생긴 설명인 듯하다.
근육과 독샘 부피가 크기 때문에 머리 부분은 폭이 넓은 정삼각형이다. 뺨에 있는 눈과 콧구멍 사이에 깊이 팬 피트 기관이 있다. 여기에는 열을 느끼는 신경 말단이 있어 밤에도 체온이 높은 포유류나 조류 위치를 파악해 공격할 수 있다.

굴 틈에서 쉬는 쇠살모사

위턱에 있는 기다란 송곳니 1쌍이 속 빈 독니로 발달했다. 먹이나 적을 물 때 독니는 앞쪽으로 돌아간다. 커다란 턱 근육이 독샘에서 독액을 짜내고 독니를 통해 먹이나 적에게 독을 주입한다. 대개 재빠르게 공격해 독을 한 차례 주입한 다음 먹이가 죽기를 기다리고서 삼킨다.
턱뼈는 머리뼈에 인대와 근육으로 이어져 아래위, 앞뒤, 좌우로 움직일 수 있다. 그래서 큰 먹이를 삼킬 때 위턱과 아래턱 연결 부분이 빠지며 입이 크게 벌어진다. 또한 입천장에 있는 서구개치열도 먹이를 삼키는 데 큰 도움을 준다. 이빨은 날카롭고, 안쪽으로 구부러진 원뿔 모양이어서 먹이를 식도로 집어넣을 수 있다. 이런 특징 때문에 한 번에 큰 먹이를 먹을 수 있고 대사가 천천히 이루어지므로 자주 먹지 않아도 된다. 대개 일주일에 한 번 이상 먹지 않는다. 큰 먹이는 삼키기 좋게 머리 쪽으로 돌려 먹지만 작은 먹이는 아무 곳이나 문 곳부터 삼킨다.
대개 사람은 살모사 무리가 체온을 올리고자 일광욕을 하거나 똬리를 틀고 있을 때 밟거나 가까이 다가가서 물리지만 도망가는 사람을 쫓아오지는 않는다. 다른 뱀은 독에 면역이 있어 살모사 무리에 물려도 죽지 않는다.

산개구리를 먹은 쇠살모사

어린 까치살모사가 계곡 주변 돌 위에 똬리를 틀었다.

까치살모사는 양막에 싸인 새끼를 낳는다.

농수로 물속에 있는 살모사

독샘과 연결된 송곳니(독니)가 2개 보인다.

▶ 우리나라와 세계 독사의 독 비교

	킹코브라 (King cobra)	해안타이판 (Coastal taipan)	블랙맘바 (Black mamba)	반시뱀 (Habu)
신경독	○	○	○	△
근육독		○		○
전혈액응고제		○		
항혈액응고제		△		
출혈독		△		
신장독				
심장독				
괴사독	△			
위험도				

○: 독 있음

△: 독 있을 수도 있음

위험도: 왼쪽으로 갈수록 높고, 오른쪽으로 갈수록 낮음

신경독(Neurotoxins): 신경조직에 치명타를 입히는 독

근육독(Myotoxins): 심각한 근육 괴사를 일으키는 독

전혈액응고제(Procoagulants): 혈액을 젤 상태로 바꾸는 물질

항혈액응고제(Anticoagulants): 혈액 응고를 방지하거나 줄여 응고 시간을 늘리는 물질

출혈독(Hemorrhagins): 혈관과 내피세포를 파괴하는 독

신장독(Nephrotoxins): 신장 기능을 마비시키는 독

괴사독(Necrotoxins): 조직세포를 괴사시키는 독

바다뱀	까치살모사	살모사	쇠살모사	유혈목이
○	△	○	△	
△	△	△	△	
	○	○	○	○
		△		△
	△	△	○	△
○	△			
○				
			△	

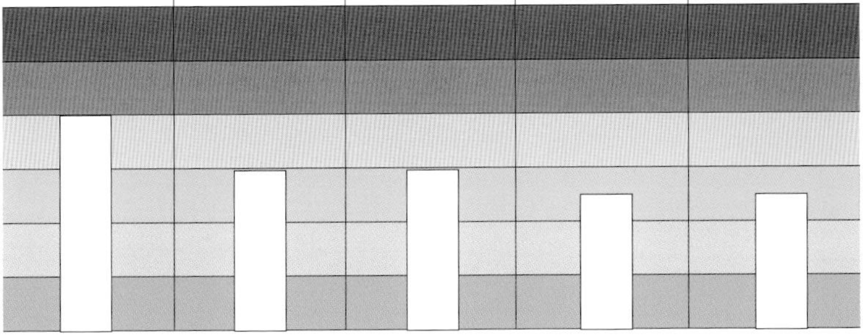

종별 특징
알아보기

양서류

도롱뇽 *Hynobius leechii*

전체길이: 8~12cm | 보이는 시기: 1~11월 | 겨울잠 시기: 11~2월 | 번식기: 1~5월
알 낳는 곳: 계곡, 작은 웅덩이, 논 | 사는 환경: 습기가 많은 산 비탈면이나 계곡 주변 습한 땅
사는 지역: 제주도와 남부 일부를 제외한 중북부

검은색, 노란색 계열 바탕에 코발트색, 흰색 등 다양한 색깔 점이 있다. 앞발가락이 4개, 뒷발가락이 5개다. 이른 봄, 계곡 주변에 있는 돌 틈이나 물속 나뭇가지, 흙바닥에 투명한 바나나 모양 알주머니를 2개 낳는다. 알주머니 하나에는 알이 14~72개 들어 있다. 알을 낳은 다음 계곡 주변 땅으로 올라와 습한 돌 틈이나 낙엽 속을 돌아다니며 지렁이, 곤충, 거미 등을 잡아먹는다.

* 도롱뇽 가운데는 미토콘드리아 DNA 분석 결과가 다른 개체도 있어, 학계에서 다른 종인지를 연구하고 있다. HC3(2008, 백혜준), HC4(2012, 김나영)

진한 갈색 바탕에
흰색이나 코발트색 점이 있다.
대개 제주도롱뇽에 비해
무늬가 덩어리져 있다.

수컷
번식기에는 피부가
늘어지기도 한다.

꼬리가 원통형인
개체도 있다.
그늘에서는
몸이 검어 보인다.
뒷발가락 5개
앞발가락 4개

노란색 바탕에 검은 점이 있다.

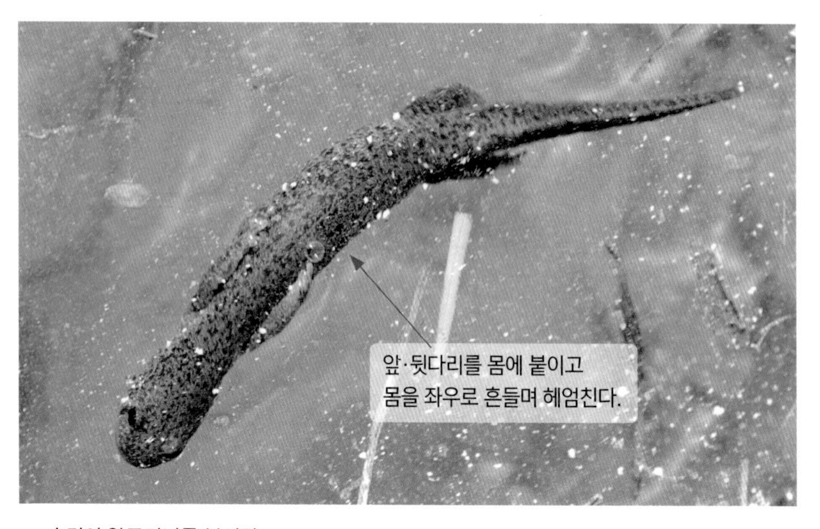

수컷이 알주머니를 부여잡고
정액을 주입한다.

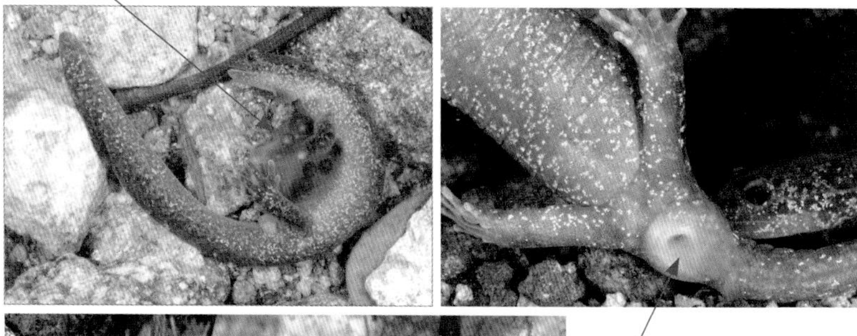

암컷이 알을 낳을 때
총배설강 주변이 부풀며
동그랗게 열린다.

갓 낳은 알주머니는
주름지고 형광빛을 띤다.

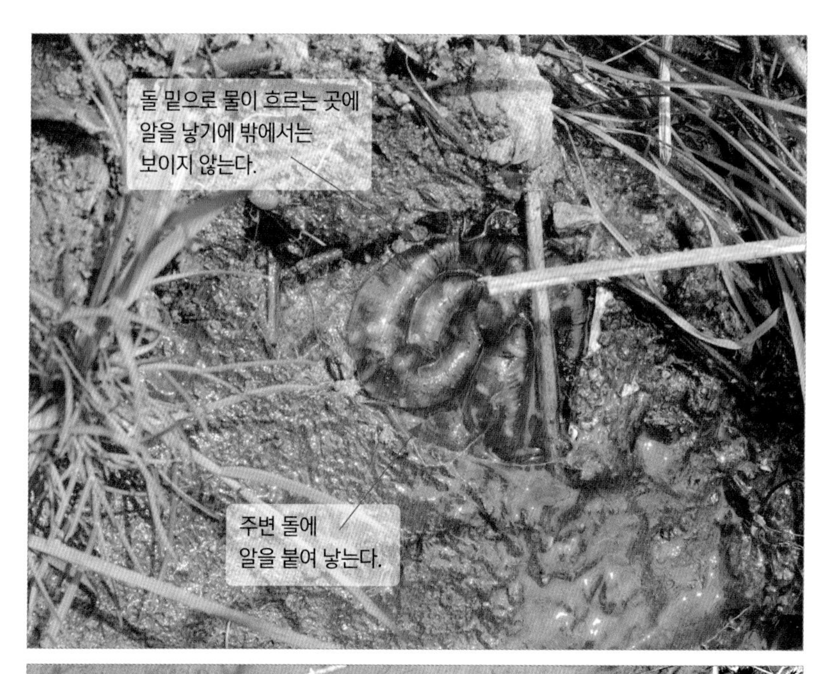
돌 밑으로 물이 흐르는 곳에
알을 낳기에 밖에서는
보이지 않는다.
주변 돌에
알을 붙여 낳는다.

알을 숨기거나
붙일 곳이 없는 환경에서는
바닥에 알을 낳는다.

웅덩이 가운데보다는
틈 아래나 주변에 집단으로
알을 낳는다.

나뭇가지에 알을 붙여 낳기도 한다.
이럴 때는 수컷 한 마리가
여러 마리 암컷의 알을 수정시키기도 한다.

나뭇가지나 돌에 붙은 부분은
끝부분보다 더 쭈글쭈글하다.

시간이 지나면서 알주머니 표면에
녹조가 끼기도 한다.

▶ 성장 과정

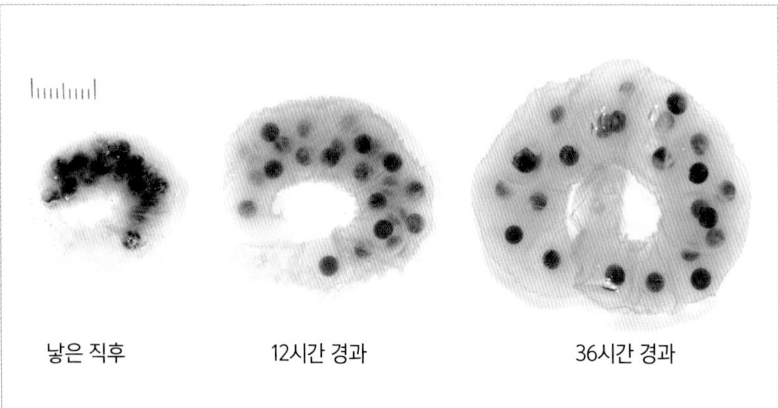

알주머니는 시간이 지나면서 물을 머금으며 부푼다.
부푸는 정도는 주변 상황에 따라 달라진다.

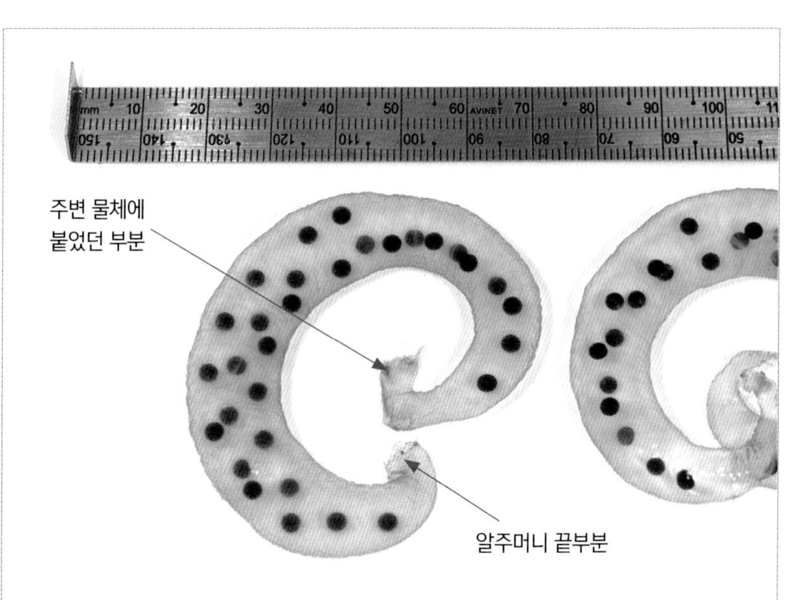

알주머니 한쪽이 주변 물체에 붙었을 때는 반대편 끝부분으로 유생이 나오며,
그렇지 않을 때는 양쪽으로 유생이 나온다.

평형간
부화한 지 5일 된 유생.
앞·뒷다리 흔적이 있으며 앞다리 발가락 사이에 막이 있다.
뒷다리
앞다리

좌우에 3갈래로 나뉜
외부아가미가 있다.

탈바꿈이 끝나도
꼬리는 사라지지 않는다.
탈바꿈이 끝날 무렵
외부아가미는 짧아진다.

▶ 산란 과정

수컷은 턱 아래에
흰 부분이 있다.
나뭇가지를 잡고 흔들며
진동을 일으킨다.

나뭇가지를 붙잡고
총배설강을 문지른다.
한 수컷이 나뭇가지를 흔들면
다른 수컷이 주변을 어슬렁거린다.

암컷이 수컷을 맴돌며
관심을 보인다.

관심 있는 암컷이
수컷 아래쪽으로 옮겨 간다.

암컷이 나뭇가지에
총배설강을 대고 알주머니를
낳는다.

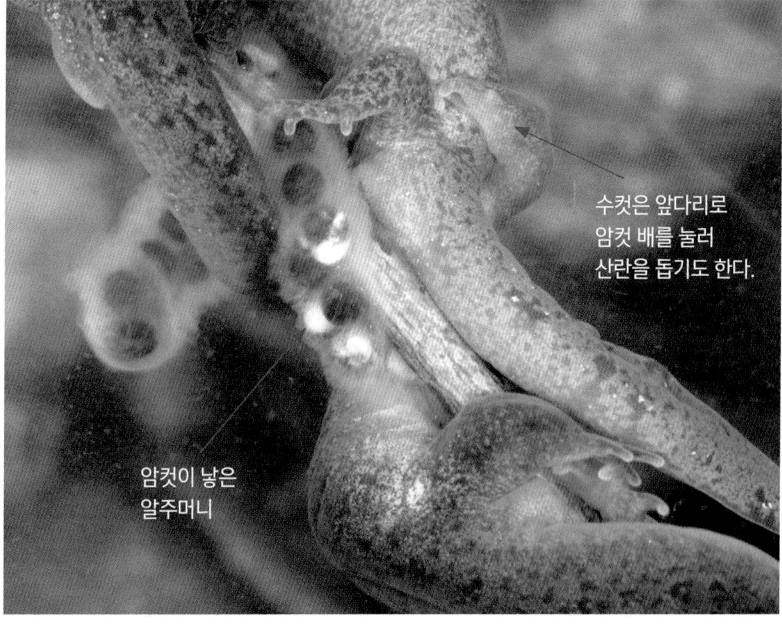
수컷은 앞다리로
암컷 배를 눌러
산란을 돕기도 한다.
암컷이 낳은
알주머니

수컷은 암컷이 나뭇가지에 붙인
알주머니를 끌어안은 다음,
총배설강을 알주머니에 대고
정액을 방출한다.

다른 수컷들이 알주머니에 달려들어
정액을 방출하기도 한다.

고리도롱뇽 *Hynobius yangi*

전체길이: 8~12cm | 보이는 시기: 1~11월 | 겨울잠 시기: 11~2월 | 번식기: 1~4월
알 낳는 곳: 계곡, 작은 웅덩이, 논 | 사는 환경: 습기가 많은 산 비탈면이나 계곡 주변
사는 지역: 울산, 부산, 밀양 주변

도롱뇽과 유전적으로 크게 다르지 않으며 많은 곳에서 도롱뇽과 함께 서식, 번식한다. 전형적인 고리도롱뇽은 도롱뇽에 비해 어두운 점이 은은하다는 것이 특징이다. 1990년대에 부산 기장군 고리원자력발전소 주변에서 처음 채집되었으며 2003년 새로운 종으로 기록되었다. 이른 봄, 산 주변에 있는 논고랑이나 습지에 있는 돌이나 나뭇잎에 알주머니를 붙여 낳는다.

* 한때는 노란빛을 띠면 고리도롱뇽으로 분류한 적도 있으나 다른 도롱뇽 가운데에도 노란빛이 도는 개체가 있다.

가장 전형인 생김새
몸은 부드러운 점으로
덮여 있다.
몸 아랫면은 윗면에 비해
색이 밝다.

가장 큰 특징인 은은한 점

머리에는
수온이나 화학물질을 감지하는
작은 홈들이 있다.

몸통 옆면에 늑골주름이 있다.

알 밴 암컷
꼬리 끝에 검은 무늬가 있는
개체도 있다.
다른 도롱뇽 무리에서도
나타난다.

수컷
점이 보이지 않아
대체로 검게 보인다.

몸이 노란 암컷이 많다.

암컷
알을 낳은 다음에는
산란지 주변 돌 아래 같은
습한 땅에서 생활한다.

꼬리를 땅에 대고
부력으로 물속에 떠 있다.

번식기에
암컷 총배설강 주변부가
동그랗게 부푼다.

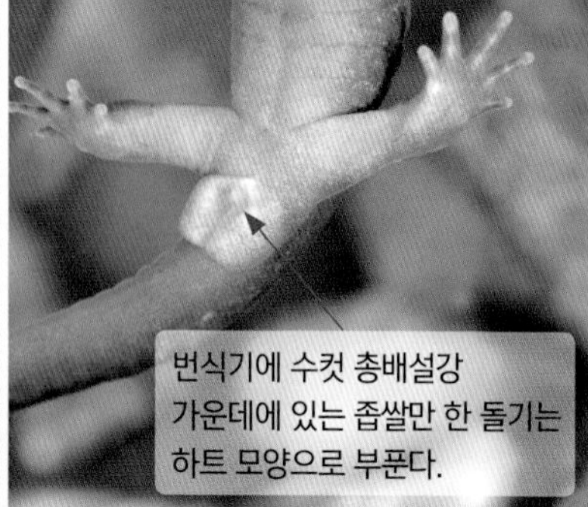
번식기에 수컷 총배설강
가운데에 있는 좁쌀만 한 돌기는
하트 모양으로 부푼다.

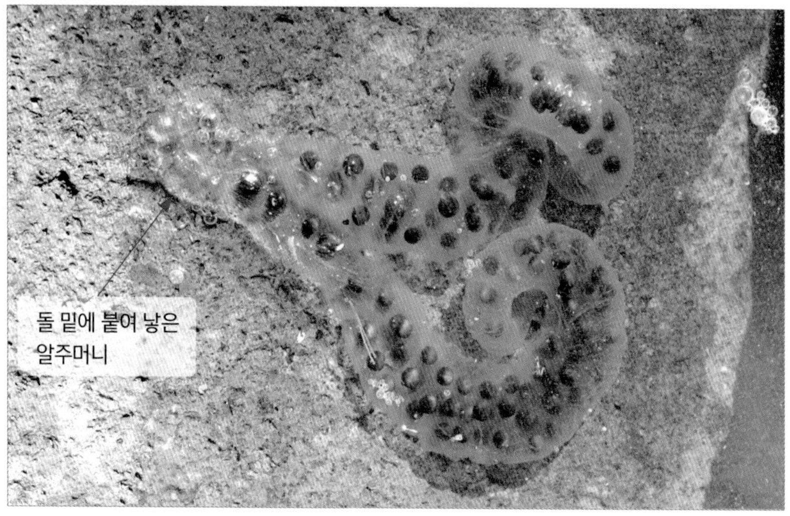
돌 밑에 붙여 낳은
알주머니

나뭇가지에 붙여 낳은
알주머니

알주머니 속 죽은 알에
희게 곰팡이가 피었다.
암컷 난소 에서부터
알이 죽어 하얗게
변하기도 한다.

▶ 성장 과정

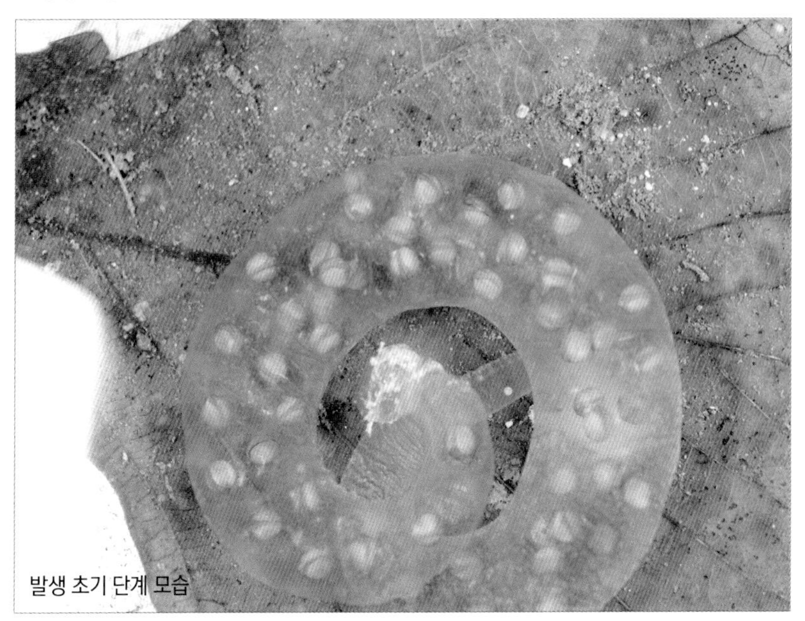

발생 초기 단계 모습

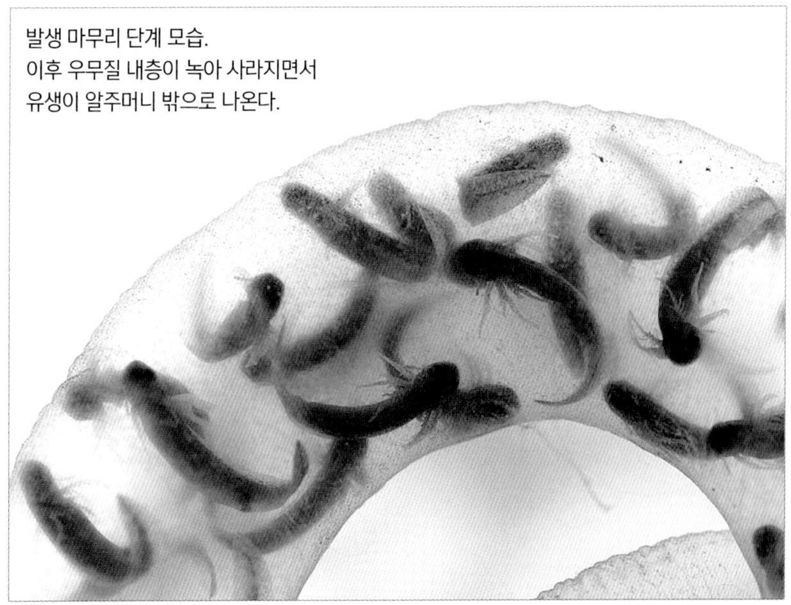

발생 마무리 단계 모습.
이후 우무질 내층이 녹아 사라지면서
유생이 알주머니 밖으로 나온다.

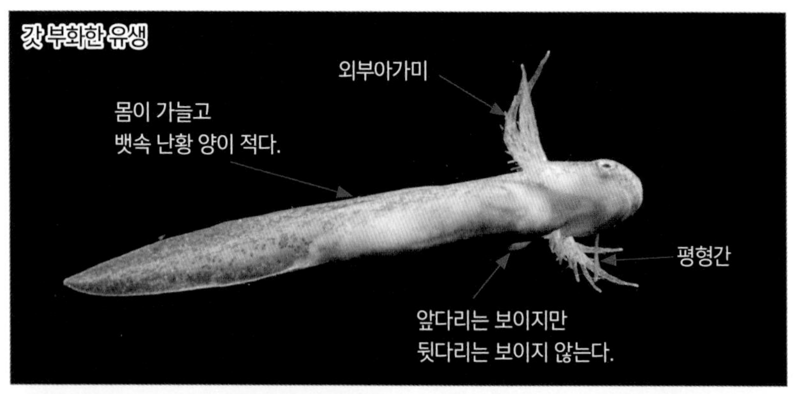
갓 부화한 유생
외부아가미
몸이 가늘고
뱃속 난황 양이 적다.
평형간
앞다리는 보이지만
뒷다리는 보이지 않는다.

부화한 지 5일 된 유생
뒷다리가 자라기 시작했다.

외부아가미가 거의 없어졌다.

제주도롱뇽 *Hynobius quelpaertensis*

전체길이: 9~12cm | 보이는 시기: 1~11월 | 겨울잠 시기: 11~2월 | 번식기: 1~4월
알 낳는 곳: 계곡, 작은 웅덩이, 논 | 사는 환경: 습기가 많은 산 비탈면이나 계곡 주변
사는 지역: 전북 남부와 제주도

도롱뇽과 매우 닮아 겉모습만으로는 구별하기 어렵다. 제주도 개체는 주로 검은 돌이 있는 곳에서 생활해서인지 검은색을 많이 띠며, 뭍에 사는 도롱뇽보다 좀 더 길다. 곤충, 거미 등을 먹으며, 대개 밤에 활동한다. 11월 중순에 돌, 쓰러진 고목 아래로 겨울잠을 자러 들어간다. 알에서 유생이 부화하는 데는 30일 정도 걸리며 유생은 80~90일이 지나면 성체로 자란다.

* 제주도롱뇽 가운데 영암, 보성, 고흥 개체에서 미토콘드리아 DNA 분석 결과 차이가 나는 개체도 있어, 다른 종인지를 연구하고 있다(HC5, 김나영).

꼬리 끝이 검다
흰색 점이 있는 수컷
전남

흰색과 코발트색
점이 있는 수컷
전남 매화도

꼬리가 가늘고 원통형인
암컷
알을 배고 있다.
제주도, 1월 초

검은색 점이 있다.
지렁이를 먹는
수컷
전남 영암

몸 옆면에
코발드색 점이 있는 수컷
전북 고창

현무암이 많은 제주도에는
검은빛을 띤 개체가 많다.
제주도

돌 밑에 있는 알주머니
돌 밑에 숨은 수컷
전남 영암

대체로 검은빛을 띠는 수컷
전남 해남

제주 저지대에서는
12월 중순부터 알을 낳는다.

농수로에 낳은
알주머니
물이 줄면서
말라 버린 알주머니
전남 영암

알주머니 크기가 아주 작고
똬리처럼 2번 말리기도 한다.
전북 고창

▶ 성장 과정

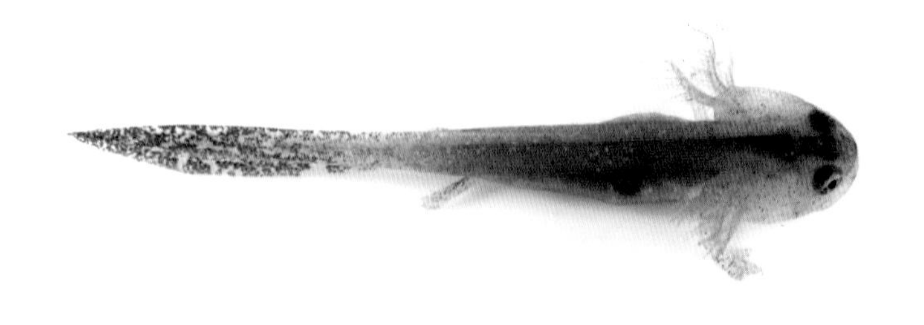

꼬마도롱뇽 *Hynobius unisacculus*

전체길이: 7~12cm | 보이는 시기: 1~11월 | 겨울잠 시기: 11~2월 | 번식기: 1~4월
알 낳는 곳: 계곡, 작은 웅덩이, 논 | 사는 환경: 습기가 많은 산 비탈면이나 계곡 주변
사는 지역: 전남 고흥, 순천, 여수, 보성

2016년 새로운 종으로 기록되었다. 바닷가에 사는 개체의 알주머니와 성체 크기가 작아 꼬마도롱뇽이라고 이름 붙었지만 내륙에 사는 개체는 도롱뇽과 크기가 비슷하다. 고흥에서는 물이 흐르는 논둑에 알을 낳는다.

* 꼬마도롱뇽 가운데는 미토콘드리아 DNA 분석 결과가 다른 개체도 있어, 학계에서 다른 종인지를 연구하고 있다. HC1(2008, 백혜준)

수컷
진갈색 바탕에
검은색 점이 있다.

수컷
검은색 점이 있다.

암컷
코발드색 점이 있다.
머리가 긴 개체가 많다.

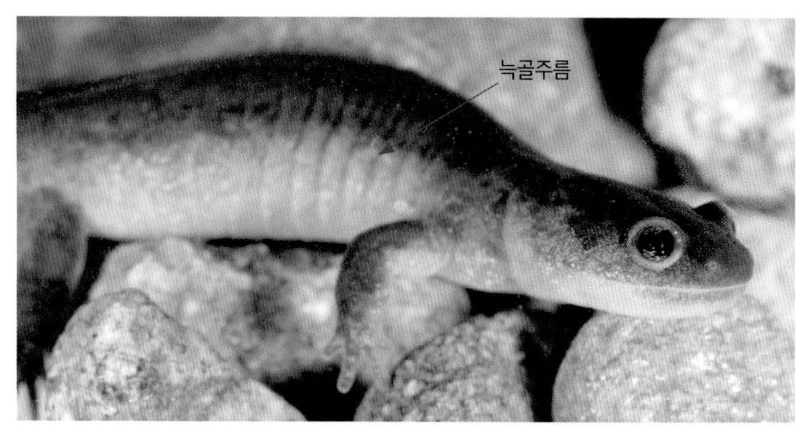
늑골주름

2년생 개체
꼬리 끝이 검다.

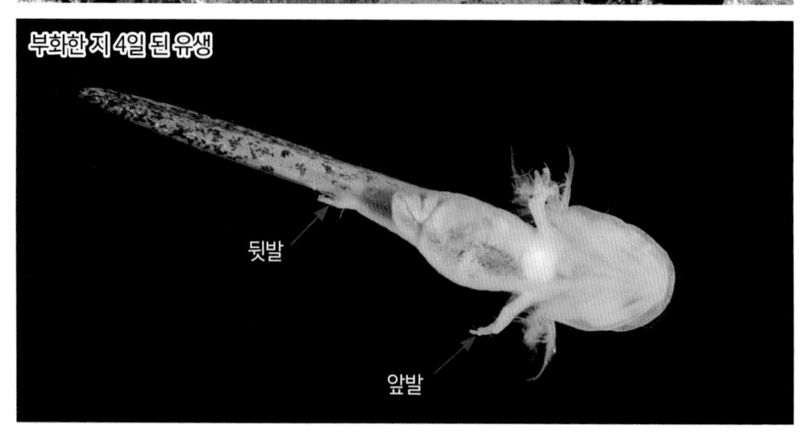
부화한 지 4일 된 유생
뒷발
앞발

물이 흘러나오는
산 비탈면 돌 틈에 낳은
알주머니
전남 고흥

수심이 깊은 곳에
낳은 알주머니는
우무질이 더 부풀어 있다.
전남 고흥 외나로도

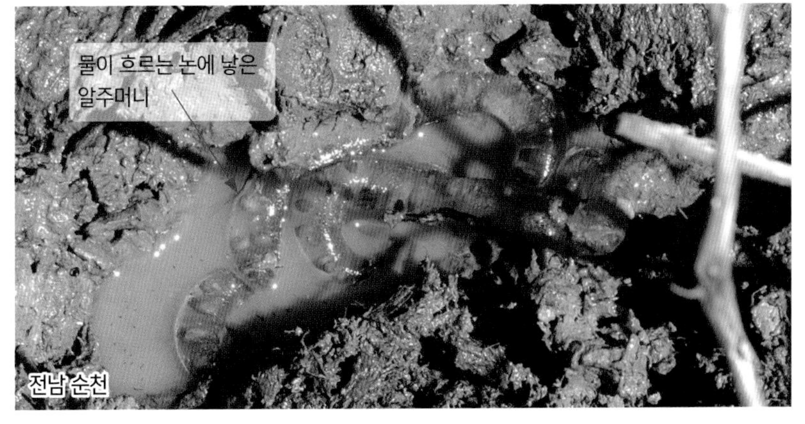
물이 흐르는 논에 낳은
알주머니
전남 순천

한국꼬리치레도롱뇽

Onychodactylus koreanus

전체길이: 13~22cm | 보이는 시기: 4~10월 | 겨울잠 시기: 10~3월 | 번식기: 5~7월
알 낳는 곳: 땅속으로 흐르는 물 주변 돌이나 바위 | 사는 환경: 산간 계곡 주변 사면
사는 지역: 경기도, 충청도, 전라도

'꼬리치레'라는 이름은 유난히 긴 꼬리를 이리저리 치는 모습에서 따왔다. 노란색이나 황갈색 바탕에 진한 무늬가 있다. 5~7월에 땅 밑으로 흐르는 물 주변 돌에 알이 6~26개 든 연노란색 알주머니를 붙여 낳는다. 부화하기까지 6개월 정도 걸린다. 유생은 2~3년 동안 물속에서 지내며 3년째에 탈바꿈을 끝내고 뭍으로 올라온다. 유생은 까만 발톱이 있고 발톱으로 바위틈을 붙잡을 수 있어 물살에 떠내려가지 않는다. 성체는 번식기에만 발톱이 드러난다. 이 때문에 북한에서는 발톱도롱뇽이라고 한다.

수컷
노란색 바탕에
검은 무늬가 있는 개체

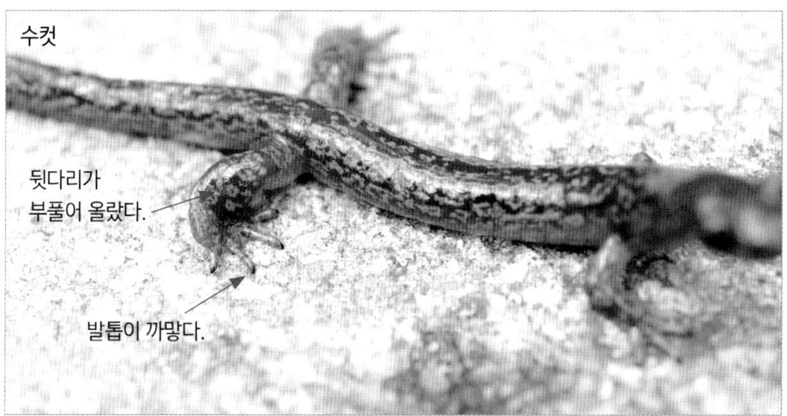
수컷
뒷다리가
부풀어 올랐다.
발톱이 까맣다.

암컷
발톱 자리만 보인다.

ⓒ 전영호
번식기 수컷 뒷발

알을 낳는 모습
ⓒ 전영호

지하수가 흐르는 곳 돌에 붙은 알주머니.
산란지 특성상 알주머니를 발견하기가 어렵다.

노란색 바탕에 검은 무늬가 있는
어린 개체

위에서 보면 주둥이 앞쪽이 넓적해
사각형 같기도 하다.
유생은 몸 옆면을 따라 기다랗고
검은 무늬가 보이기도 한다.
대체로 몸 색깔이 어두운 유생.
유생은 계곡 돌 틈을 돌아다닌다.
노란색 바탕에
검은색 점이 있는 유생

유생
ⓒ전영호

유생
ⓒ전영호

꼬리치레도롱뇽 sp.*

전체길이: 13~22cm | 보이는 시기: 4~10월 | 겨울잠 시기: 10~3월 | 번식기: 5~7월
알 낳는 곳: 지하수가 흐르는 사면 돌 | 사는 환경: 산간 계곡 주변에서 습한 산 비탈면
사는 지역: 경상도 일부 지역(밀양, 양산, 부산)

2011년 새로운 종으로 기록되었지만 아직 학명과 국명은 정해지지 않았다. 경남 양산 천성산에서 확인되었으며 부산 기장군, 밀양 등지에서 관찰된 개체도 유전자가 비슷하다.

* 2011년 NIKOLAY A. POYARKOV, JR., JING CHE, MI-SOOK MIN, MASAKI KURO-O, FANG YAN, CHENG LI, KOJI IIZUKA & DAVID R. VIEITES

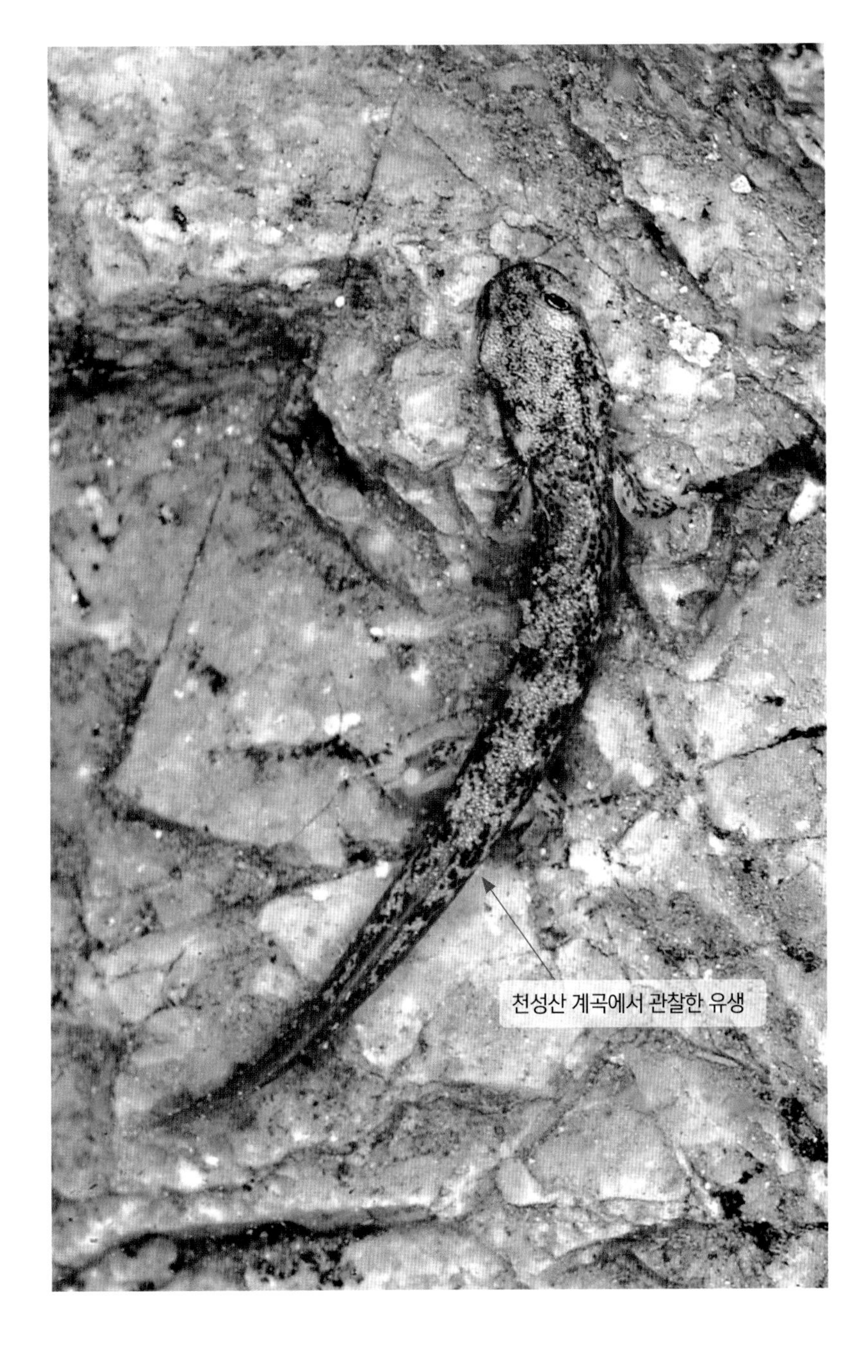
천성산 계곡에서 관찰한 유생

이끼도롱뇽 *Karsenia koreana*

전체길이: 6~10cm | 보이는 시기: 3~11월 | 겨울잠 시기: 11~3월 | 번식기: 5~7월
알 낳는 곳: 습한 땅에 있는 돌 윗면 | 사는 환경: 습한 낙엽층이나 너덜 지대
사는 지역: 경북, 충청도, 전라도, 강원도(전국에 분포할 가능성도 있음)

이끼가 잘 자라는 습한 산 비탈면에서 주로 관찰되어 이끼도롱뇽이라고 불린다. 다른 도롱뇽과 달리 물속에서 생활하지 않고, 축축하고 부드러운 흙이 뒤섞인 산 비탈면에 있는 돌이나 낙엽 밑에서 산다. 몸에 난 무늬도 낙엽과 비슷한 색이다. 폐가 없고 피부로 숨 쉰다. 암컷은 이른 봄이면 40~80개 알을 2년에 걸쳐 난소에 품는다. 이 가운데 6~12개만 난황이 가득한 지름 5㎜ 정도 크기 알로 성숙한다. 알은 물속이 아닌 땅 위에 있는 돌 틈이나 동굴 천장에 하나씩 붙여 낳는다. 경사가 심한 곳에서는 배로 바닥을 쳐 튕겨 오를 뿐만 아니라 꼬리를 감은 다음 용수철처럼 튕겨서 이동하기도 한다. 곤충 애벌레나 개미 같은 작은 곤충을 먹는다.

짙은 붉은색 개체
몸에 비해 다리가 가늘다.

위턱에서 코까지
홈이 나 있다.
홈 끝부분

경사면이 심한 곳에서는
몸을 S자로 만들고
튕기며 이동한다.

낮에는 돌이나 낙엽 틈에서 지내며
주로 밤에 활동한다.

허물을 한 번에
벗기도 한다.

수컷은 몸통에 비해 꼬리가 길고
머리가 작다.
암컷은 몸통에 비해 꼬리가 짧고
머리가 크다.

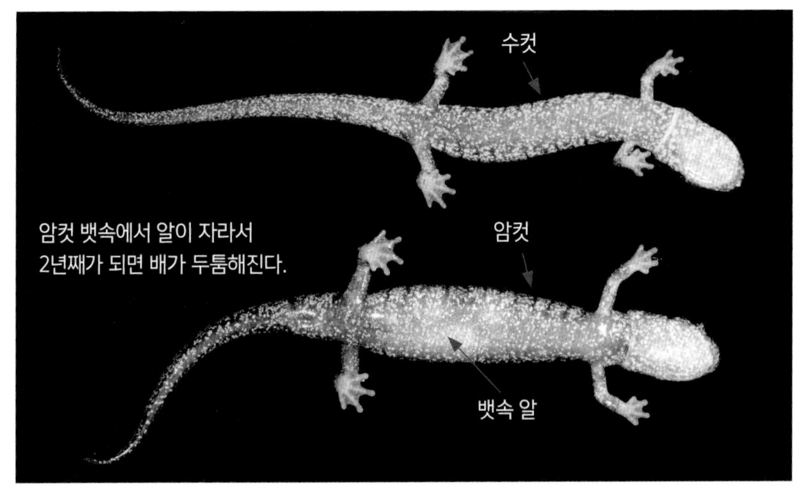
수컷
암컷 뱃속에서 알이 자라서
2년째가 되면 배가 두툼해진다.
암컷
뱃속 알

암컷은 좁은 틈에서 몸을 뒤집어
천장에 알을 붙이면서 낳는다.

천장에 하나씩 붙여 낳은 알

▶ 우리나라 이끼도롱뇽 분포도

* *이 분포도는 많은 분에게서 도움을 받아 작성했으며 앞으로도 서식 지역이 계속 추가될 것으로 보인다.*

서구개치열 살펴보기

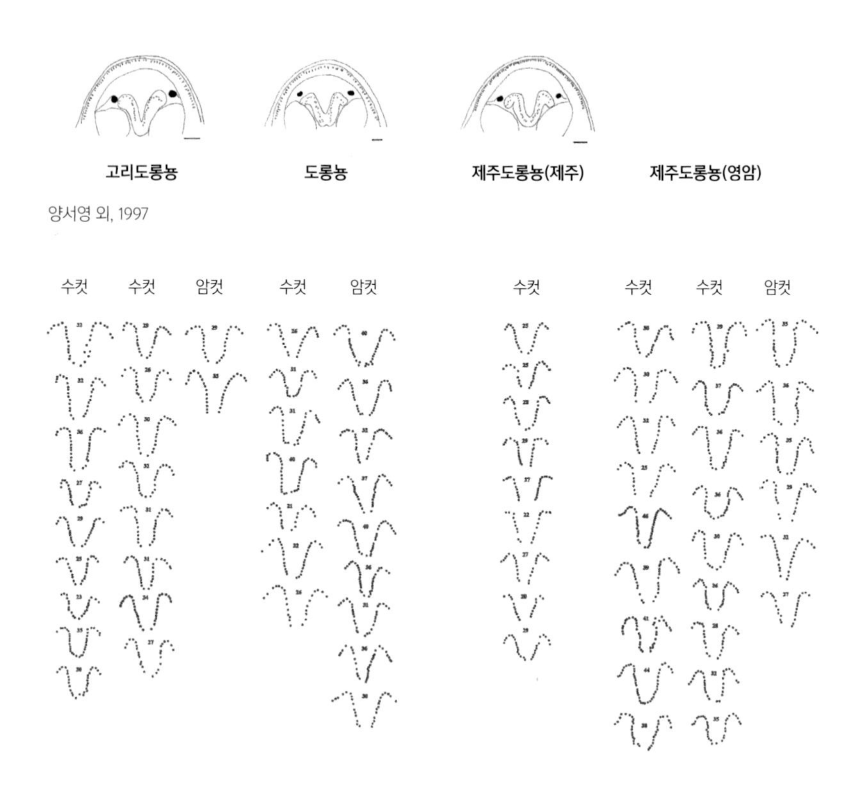

김나영 외, 2015. *Hynobius*속 도롱뇽에 대한 탐구. 제61회 전국과학전람회

* 서구개치열은 개체마다 형태가 다양하며 살아있는 상태에서는 관찰할 수 없다. 연령에 따라서도 변화되는 듯하다.

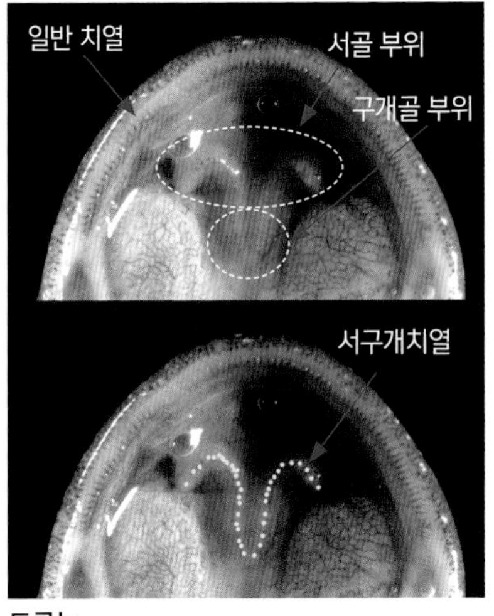

도롱뇽

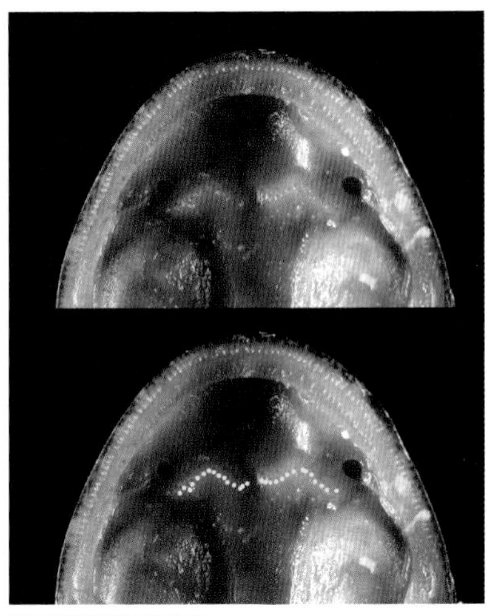
한국꼬리치레도롱뇽

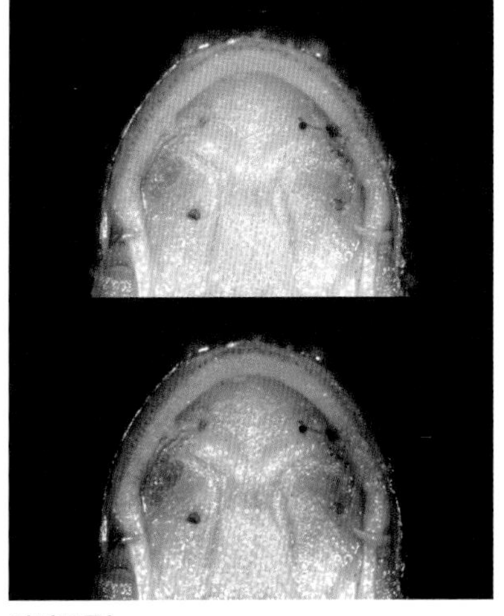
이끼도롱뇽

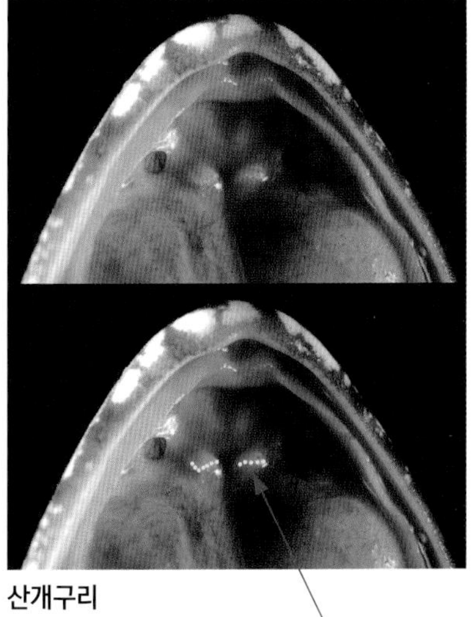
산개구리

산개구리는 서골에만 치열이 있어
서골치열이라고도 한다.

무당개구리 *Bombina orientalis*

머리몸통길이: 40~50mm | 보이는 시기: 4 ~10월 | 겨울잠 시기: 11~3월 | 번식기: 4~8월
알 낳는 곳: 물이 고인 작은 웅덩이, 논 | 사는 환경: 산림, 계곡 주변 | 사는 지역: 전국

등은 초록색, 갈색 바탕에 검은색 반점이 있고 크고 작은 돌기가 나 있다. 배는 검은 무늬가 있는 붉은색이다. 위협을 느끼면 방어 행동으로 팔다리를 쭉 뻗거나 몸을 뒤집어 붉은 배를 보인다. 4월쯤 겨울잠에서 깨어난 수컷들이 떼 지어 "홍홍홍"하고 낮고 느리게 운다. 알은 4~7월에 야산 주변 논이나 비가 온 뒤 생기는 얕은 웅덩이에다 큰 알을 하나씩 낳으며 알이 몇 개씩 달라붙기도 한다.

암컷
배는 주황색이며
검은 무늬가 있다.
주둥이 앞쪽에
검은 세로줄이 있다.

헤엄칠 때는
앞다리를 뒤로 뻗는다.

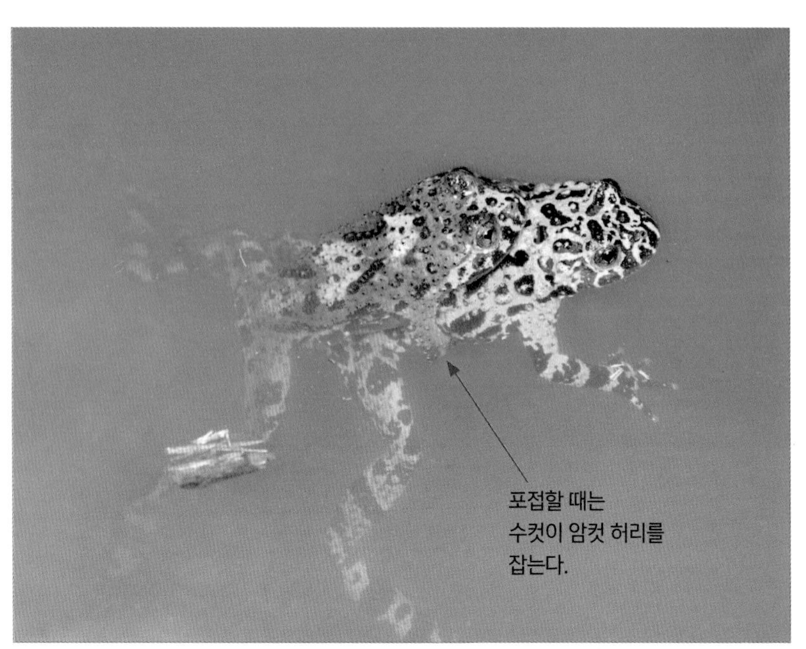
포접할 때는
수컷이 암컷 허리를
잡는다.

번식기에 수컷은
물에 떠서 울며
암컷을 기다린다.
온몸에 올록볼록한
돌기가 있으며
등에는 동그란 무늬가
2개 보이기도 한다.

커다란 알을 하나씩 낳지만, 알은 서너 개씩
서로 붙거나 주변 식물이나 물체에 붙는다.

등산로에 생긴 작은 웅덩이에
집단으로 알을 낳았다.

나뭇잎과 가지에
붙은 알
우무질 내층
우무질 외층

알 낱개 크기가
다른 개구리보다 크다.
알 20~30개가
덩어리를 이루기도 한다.

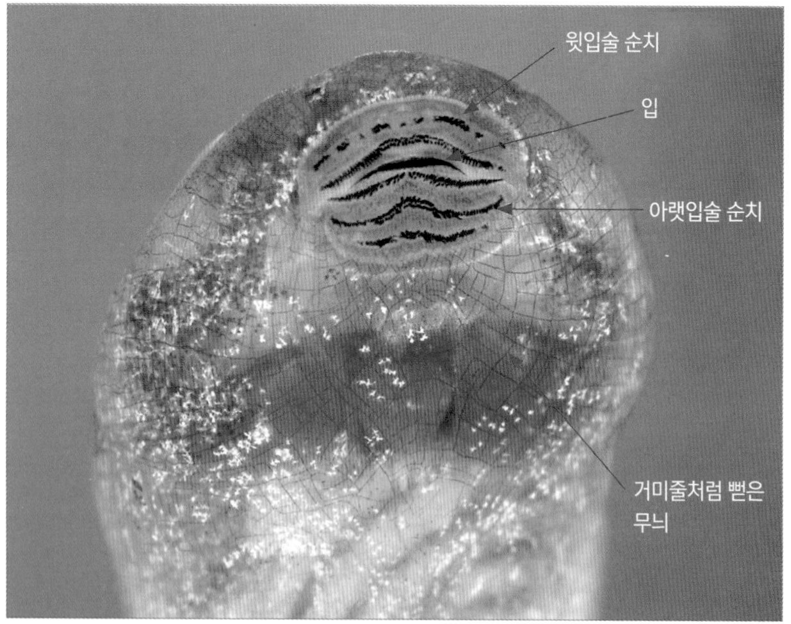
윗입술 순치
입
아랫입술 순치
거미줄처럼 뻗은
무늬

올챙이 때부터
입 앞에 세로줄이
나타난다.

배 아래에 분수공이 있다.

▶ 성장 과정

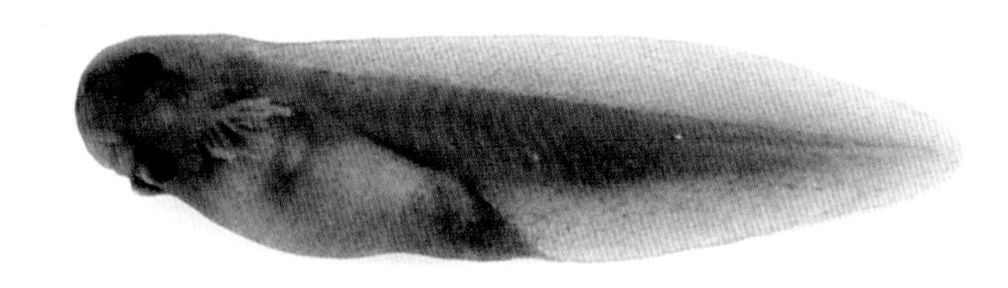

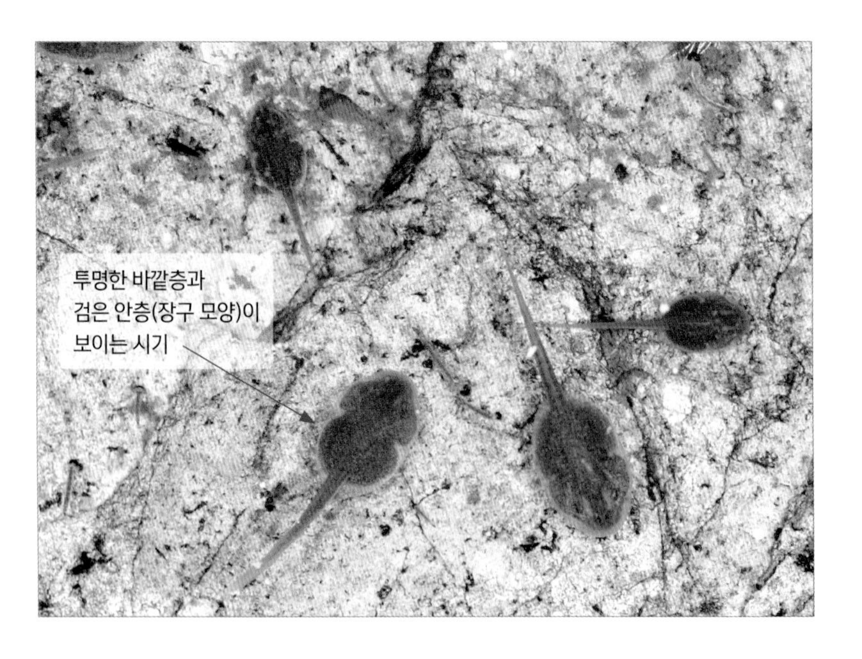

어린 개체
탈바꿈을 끝낼 무렵
몸에 나타나는 무늬
꼬리는 서서히 사라진다.

▶ 암수 비교

수컷
암컷
몸통에 비해
머리가 크다.
몸통에 비해
머리가 작다.
배는 붉은색 바탕에
검은 무늬가 있다.
배는
주황색 바탕에
검은 무늬가
있다.
암컷에 비해
앞다리 근육이
크다.
수컷에 비해
앞다리 근육이
작다.
발가락이 짧고
두툼하다.
첫 번째 발가락 옆에
혼인돌기가 없다.
첫 번째 발가락 옆에
혼인돌기가 솟았다.
수컷에 비해
다리가 가늘다.

두꺼비 *Bufo gargarizans*

머리몸통길이: 80~170mm | 보이는 시기: 2~10월 | 겨울잠 시기: 11~2월 | 번식기: 2~3월
알 낳는 곳: 논이나 작은 웅덩이, 저수지 | 사는 환경: 산지나 밭 주변 | 사는 지역: 제주도를 제외한 전국

어른 손바닥보다 크고 두툼하며 온몸에 돌기가 나 있다. 밤이나 흐린 낮에 밖으로 나와 어기적어기적 기어 다니며 곤충이나 작은 동물을 잡아먹는다. 공격을 받으면 몸을 부풀리며 진득거리는 흰색 액체를 분비한다. 2월쯤 겨울잠에서 깨면 수컷들은 논이나 저수지로 모여들어 "콕콕콕"하는 날카롭고 높은 소리로 운다. 그 소리를 듣고 암컷이 다가오면 여러 마리 수컷이 서로 암컷 등에 올라타려고 경쟁한다. 짝을 짓고 나면 수컷이 암컷 등에 탄 채로 물풀이 많은 곳을 돌아다닌다. 30~50㎝인 알주머니를 2줄씩 여러 차례에 걸쳐 낳고(전체 길이 15m 이상), 수정시킨 알주머니는 주변 식물에 걸어 놓는다. 올챙이는 까만색이며 무리 지어 헤엄친다. 성체가 되면 물가 돌이나 풀 밑에 모여 있다가 흐린 날에 무리 지어 산으로 옮겨 간다.

윗입술에 선이 보인다.
몸이 두툼하다

위험이 닥치면 몸을 크게 부풀리며
방어 자세를 취한다.

수컷은 대체로 암컷보다
덩치가 작고 색이 진하다.

포접 행동
수컷은 산란을 유도하고자
암컷 등에 올라타
가슴을 끌어안고,
"득득득" 거리며
뒷발로 총배설강 부분을
자극한다.

좌우 난소에서
한꺼번에 알주머니가 나온다.

수심이 얕고 물풀이 자란
저수지나 연못 가장자리에서
여러 쌍이 함께 알을 낳는다.

알주머니가 떠내려가거나
물속에 가라앉지 않도록
식물에 걸쳐 둔다.

알을 낳고 3~4일 지나면
알이 긴 막을 뚫고 나온다.

부화한 뒤 조금씩 움직이며
무리를 짓는다.

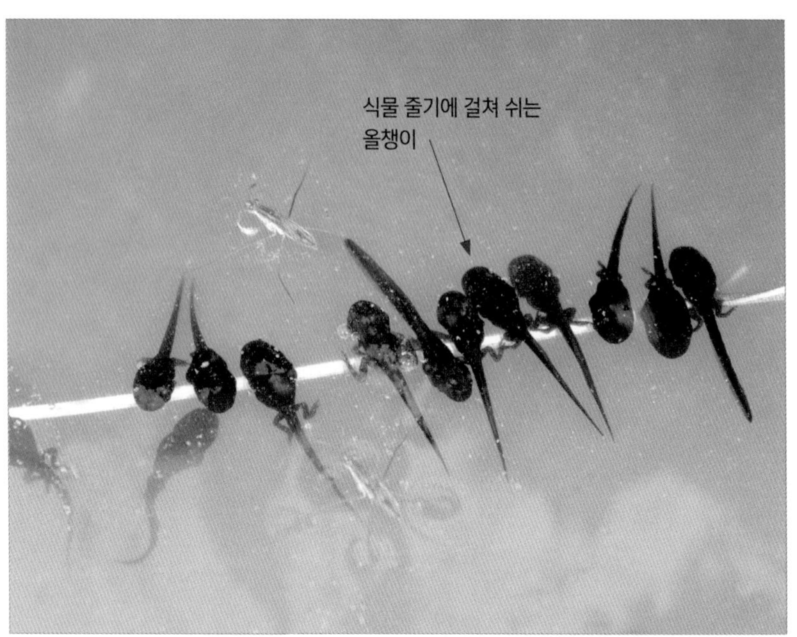
식물 줄기에 걸쳐 쉬는
올챙이

꼬리가 짧아지기 시작할 무렵부터
뭍으로 올라와 무리를 짓는다.

▶ 성장 과정

▶ 암수 비교

	수컷	암컷
얼굴 옆면	 암컷에 비해 옆얼굴이 더 뾰족하다.	
얼굴 윗면	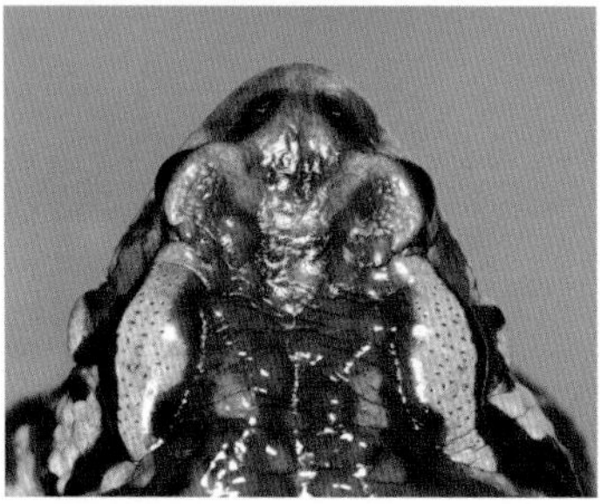	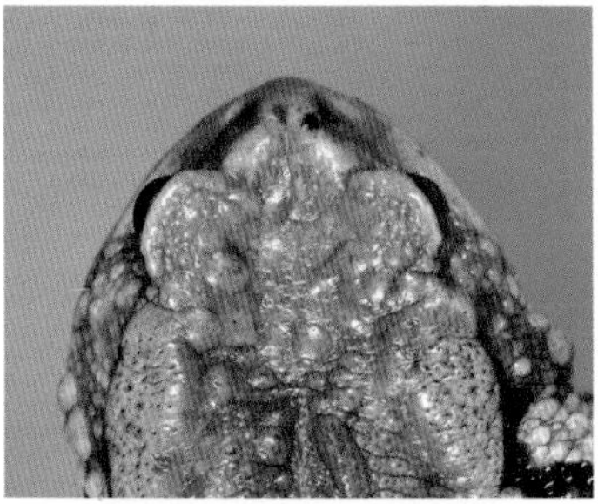
얼굴 아랫면	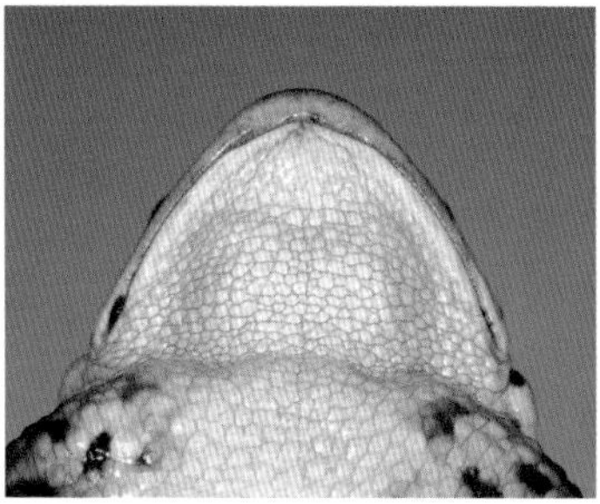	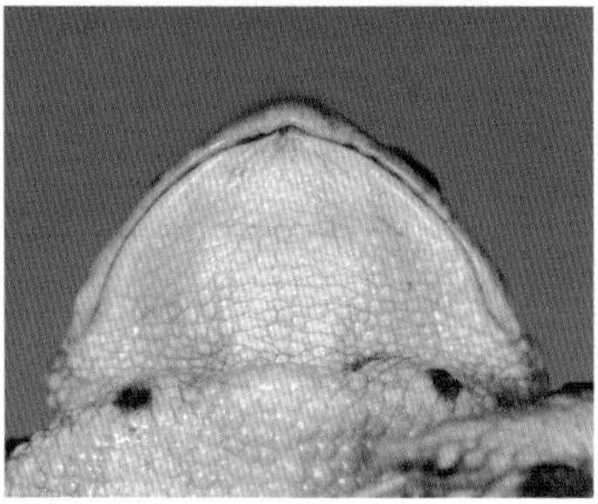

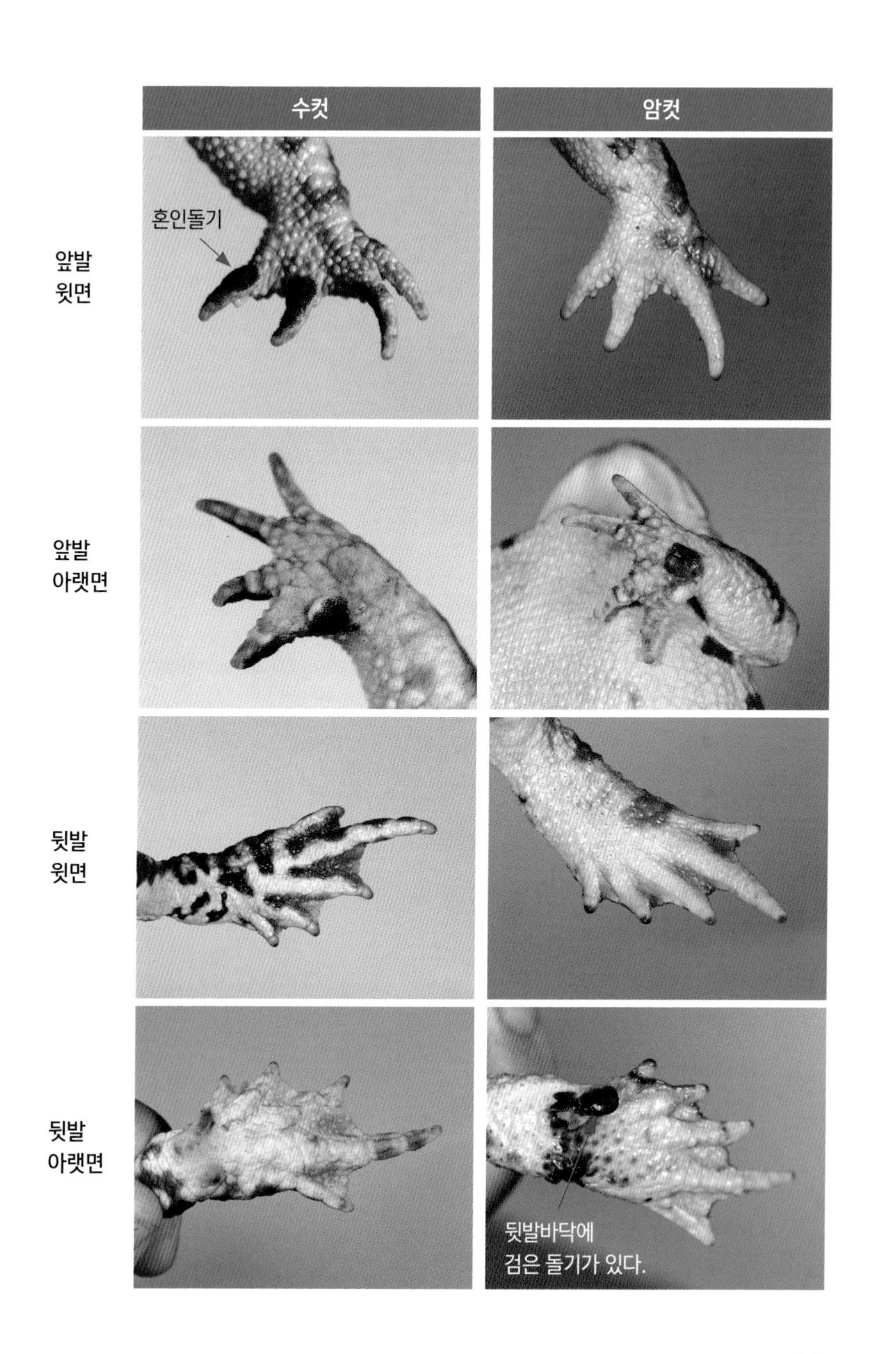
수컷
암컷
앞발
윗면
혼인돌기
앞발
아랫면
뒷발
윗면
뒷발
아랫면
뒷발바닥에
검은 돌기가 있다.

물두꺼비 *Bufo stejnegeri*

머리몸통길이: 55~70mm | 보이는 시기: 3~9월 | 겨울잠 시기: 9~3월 | 번식기: 4~5월
알 낳는 곳: 물 흐름이 느린 작은 지류, 하천과 하천이 만나는 곳 돌 밑 | 사는 환경: 산림, 산골짜기
사는 지역: 강원도 및 동쪽 백두대간 주변

두꺼비와 많이 닮았지만 참개구리만큼 작고 다리가 가늘고 길다. 두꺼비에 비해 고막이 잘 보이지 않는다. 물속 생활에 알맞게 뒷발에 물갈퀴가 있다. 뭍에서 생활하다가 겨울잠 잘 시기가 되면 계곡에 있는 돌 밑으로 옮겨 가며, 번식한 다음에 다시 뭍으로 올라온다. 겨울잠을 잘 때는 피부가 물에 불어 미끈거린다. 4~5월에 물 흐름이 느린 계곡 돌 밑에 염주처럼 생긴 노란색 알주머니를 물에 떠내려가지 않도록 감아 낳는다. 갓 부화한 올챙이는 10~100마리가 모여 지내다가 자라면서 차츰 흩어진다. 올챙이는 커다란 입으로 돌에 붙은 조류나 물이끼를 뜯어 먹으며, 돌에 수직으로 붙어 있을 때가 많다.

붉은색을 띤 개체

수컷이 암컷에
올라탔다.
일부는 가을에 포접한 상태로
함께 물속 돌 밑에서
겨울잠을 자기도 한다.

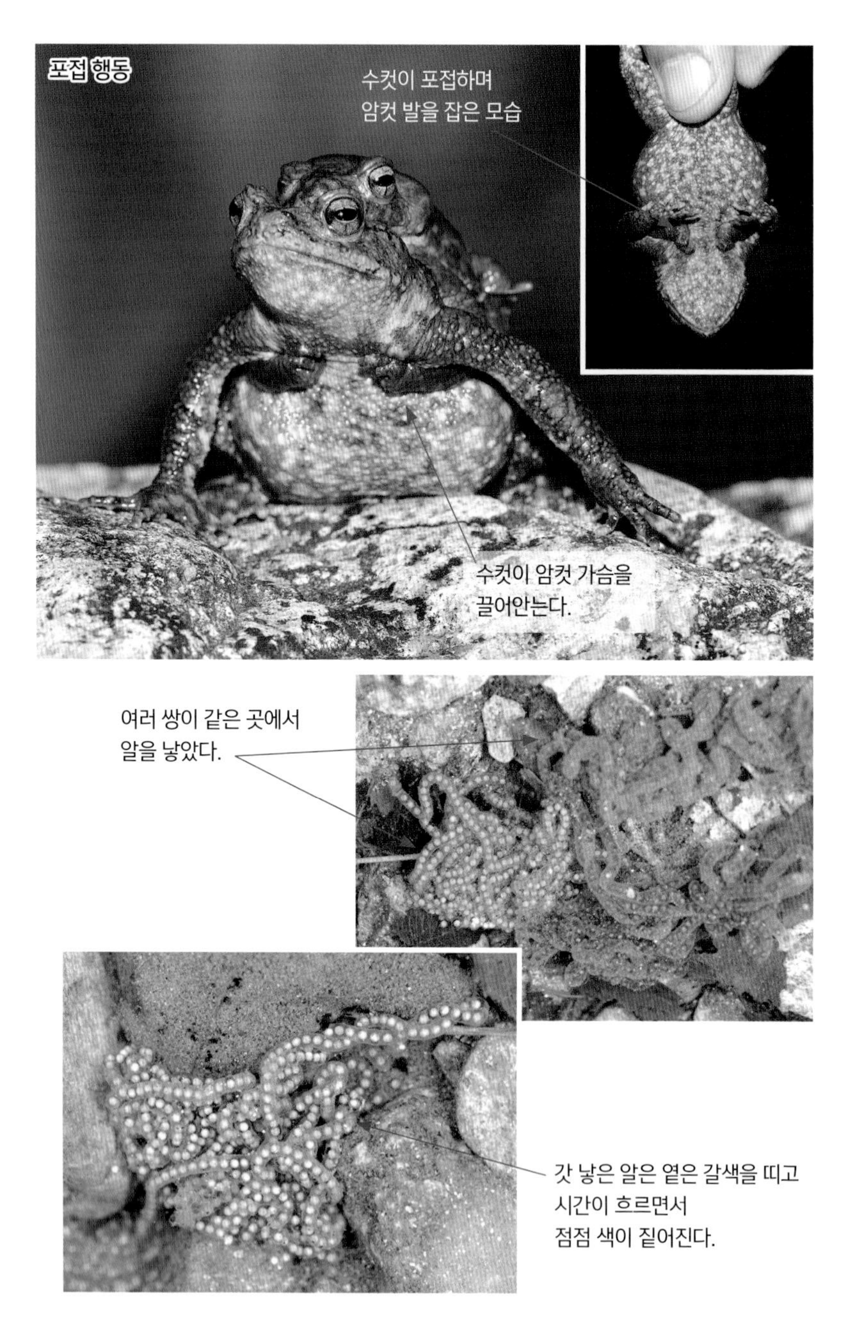
포접 행동
수컷이 포접하며
암컷 발을 잡은 모습
수컷이 암컷 가슴을
끌어안는다.
여러 쌍이 같은 곳에서
알을 낳았다.
갓 낳은 알은 옅은 갈색을 띠고
시간이 흐르면서
점점 색이 짙어진다.

갓 부화한 올챙이
흐르는 물에
떠내려가지 않으려고
돌 뒤에서 무리를 짓는다.

몸이 검어서
흰색 눈이 도드라진다.
입이 아래 쪽에 있으며
돌 표면의 조류를 갉아먹는다.

순치

자라면서 몸에
금빛 점이 생긴다.

▶ 성장 과정

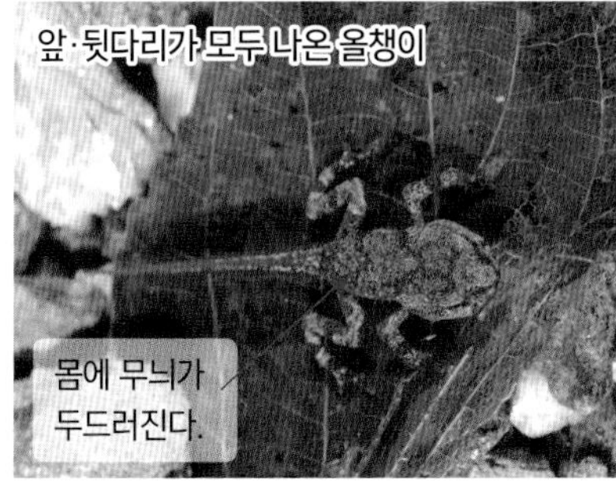

앞·뒷다리가 모두 나온 올챙이

몸에 무늬가 두드러진다.

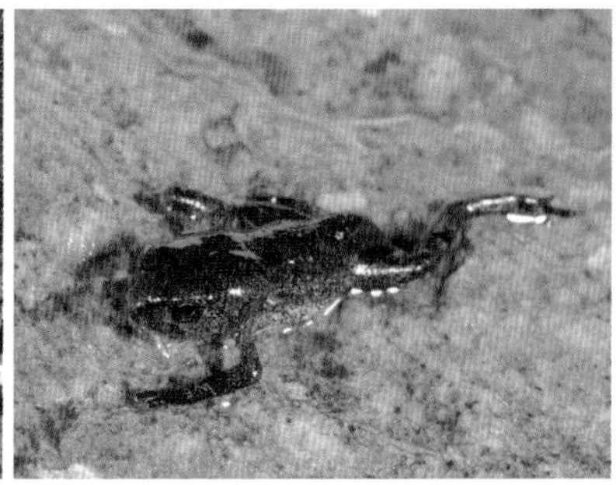

▶ 물두꺼비, 두꺼비 비교

물두꺼비가 두꺼비에 비해 다리가 길고 가늘며 몸통 크기에 비해 머리가 작다.

▶ 물두꺼비 허물

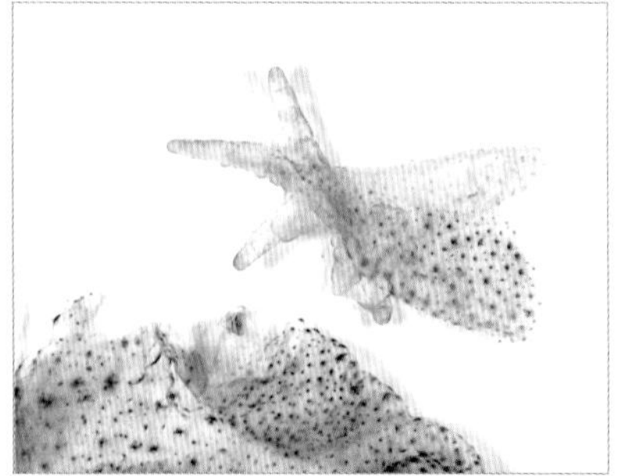

청개구리 *Dryophytes japonicus*

머리몸통길이: 35~50mm | 보이는 시기: 4~11월 | 겨울잠 시기: 11~3월 | 번식기: 4~7월
알 낳는 곳: 논이나 작은 웅덩이 | 사는 환경: 산지나 논밭 주변 | 사는 지역: 전국

어른 엄지손가락만 하며, 발가락 끝이 끈적끈적하고 동그랗게 부풀어 있어 나무나 벽을 쉽게 오를 수 있다. 알을 낳기 전에는 논이나 웅덩이에서 생활하지만 알을 낳은 뒤에는 나무 주변이나 위에서 생활한다. 번식기인 4월 무렵에 수컷은 목 앞에 달린 울음주머니를 크게 부풀려 시끄럽게 울면서 암컷을 부른다. 짝을 이루고 나면 머리 쪽은 물속에 넣고, 꽁무니 쪽은 물 밖으로 내민 상태에서 암컷은 알을 5~15개씩 낳고, 수컷은 수정시킨 다음 다리를 휘저어 알을 주변으로 퍼뜨리는 행동을 수십 번 되풀이한다. 여름에 비가 오면 나무에 있던 청개구리가 일제히 "깩깩깩깩"하고 울어 댄다.

사는 환경에 따라
몸 색깔이 달라진다.
나무에 앉아 우는 수컷.
나무와 비슷한 색깔을 띤다.

나뭇가지 사이에서
몸을 세우고 우는 수컷

겨울잠을 자기 전인 가을 무렵에
몸 색깔이 갈색으로 변하며,
얼룩덜룩한 무늬가 생긴다.

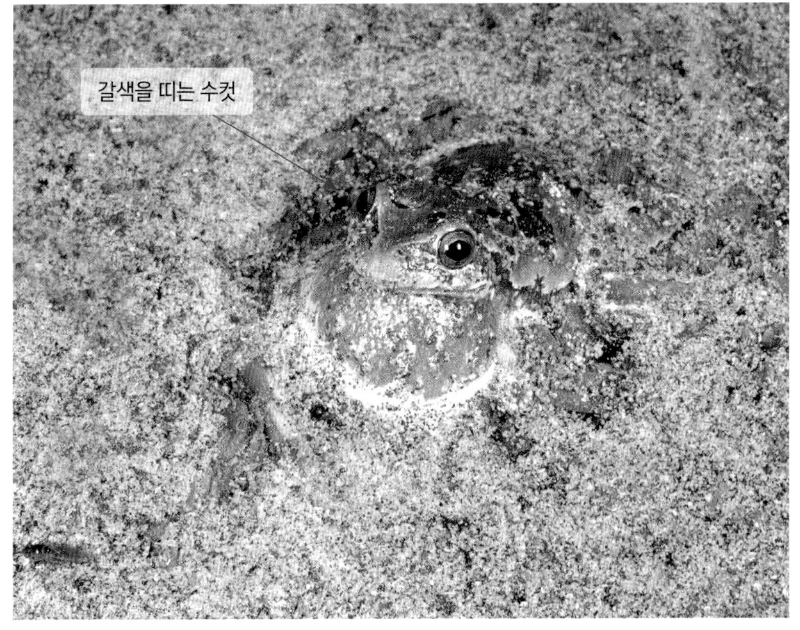
갈색을 띠는 수컷

푸른색을 띠는 개체

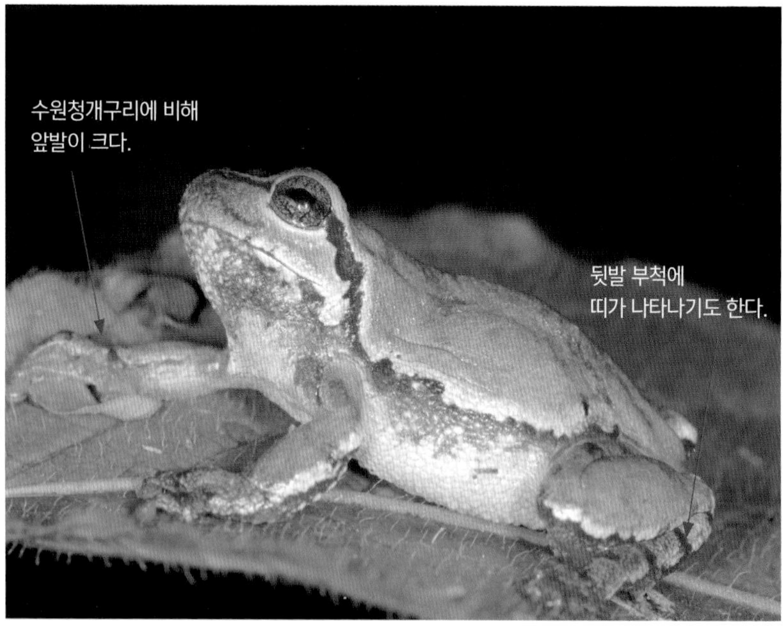
수원청개구리에 비해
앞발이 크다.
뒷발 부척에
띠가 나타나기도 한다.

수원청개구리보다 앞발이
더 크며, 먹이를 입으로 넣을 때
앞발을 많이 사용한다.

땅에서 우는 수컷에게
암컷이 다가가 포접한다.
포접할 때 수컷은
암컷 가슴을 꼭 잡는다.

포접하며 헤엄치는 암수
부척에
띠가 보인다.

알은 한 번에 20개 미만씩
여러 번에 걸쳐 낳는다.
머리를 물속에 넣고
총배설강 부분만
물 위로 내민 상태

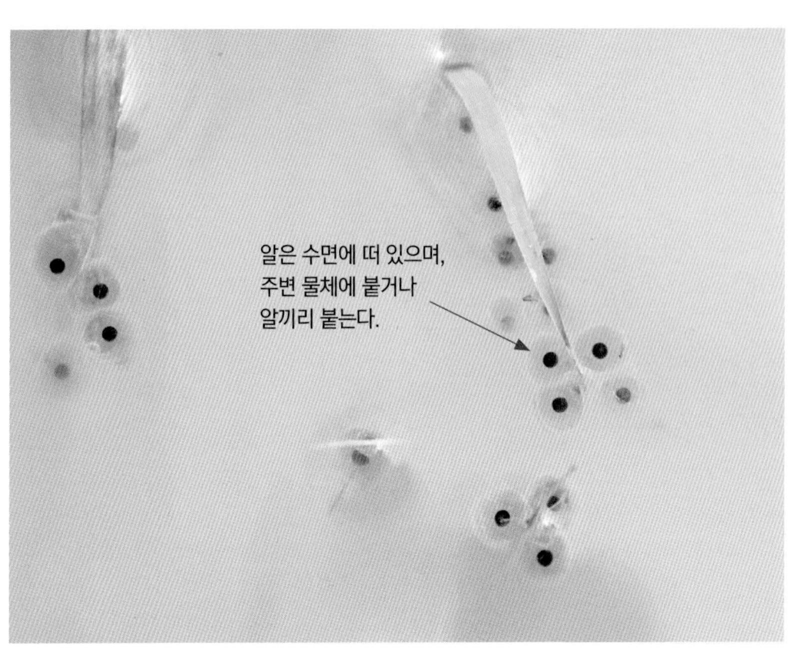
알은 수면에 떠 있으며,
주변 물체에 붙거나
알끼리 붙는다.

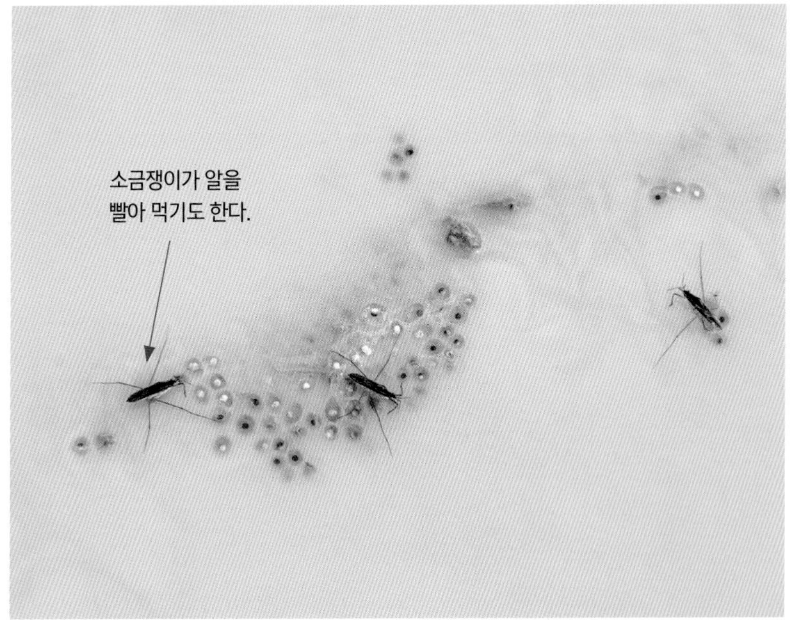
소금쟁이가 알을
빨아 먹기도 한다.

위에서 보면 다른 올챙이에 비해
머리가 각지고,
눈이 바깥쪽으로 치우쳤다.

대개 식물을 갉아 먹지만
죽은 동물도 먹는다.

논에서 무리 지어 생활한다.
그래서 농약을 뿌리면
한꺼번에 죽는 일이 많다.

순치
앞에서 보면
각진 모습이다.

▶ 성장 과정

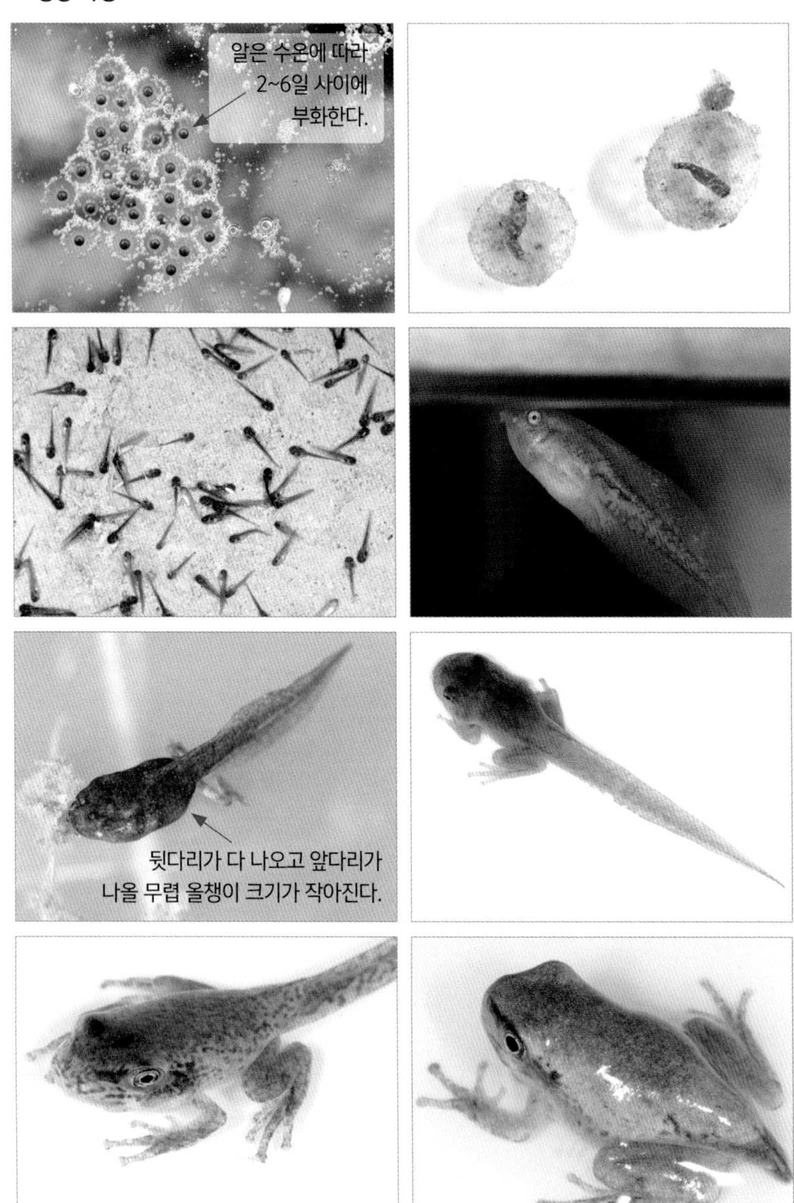

수원청개구리 *Dryophytes suweonensis*

머리몸통길이: 25~40mm | 보이는 시기: 4~10월 | 겨울잠 시기: 11~3월 | 번식기: 4~7월
알 낳는 곳: 논이나 작은 웅덩이 | 사는 환경: 산지나 논밭 주변
사는 지역: 전북, 충청도, 경기도, 강원도 일부

청개구리와 매우 비슷하지만 크기가 약간 작고 머리 부분이 더 뾰족하며, 수컷 울음주머니가 더 노랗다. 모내기가 끝난 논에서 벼 줄기를 잡고 우는 행동으로도 청개구리와 구별할 수 있다. 등은 광택이 나는 초록빛이나 푸른빛을 띤다. 배는 흰색이며 작은 돌기가 나 있다. 4월 말에서 7월 사이 수컷은 모내기가 끝난 논에서 "챙챙챙"하는 높은 쇳소리를 내며 암컷을 부른다. 짝짓기가 끝나면 청개구리와 달리 논이나 논 주변에서 자라는 벼나 콩, 갈대 같은 식물에서 생활한다.

* 최근 연구에서 중국에 서식하는 *Dryophytes immaculatus*와 같은 종으로 보기도 하지만 앞으로 더 많은 연구가 필요하다. 이 책에서는 독립 종으로 기록한다.

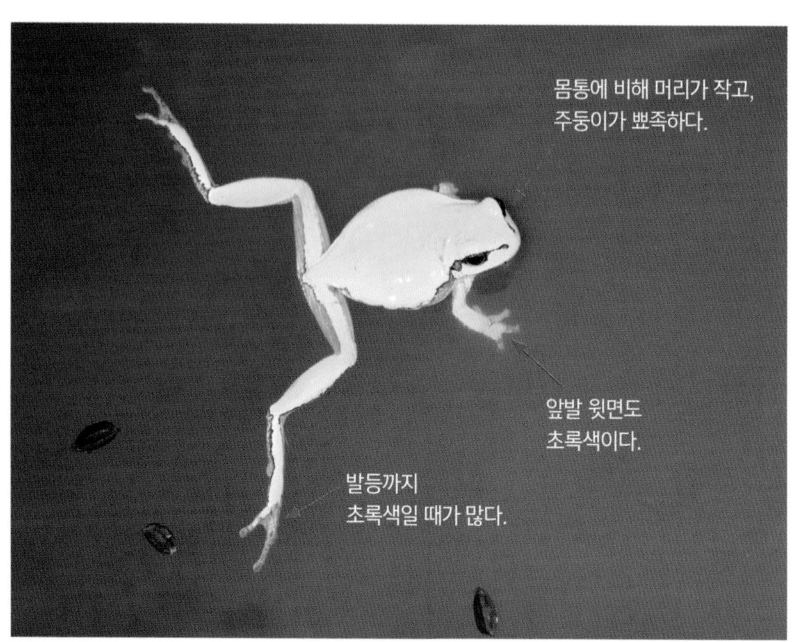
몸통에 비해 머리가 작고,
주둥이가 뾰족하다.
앞발 윗면도
초록색이다.
발등까지
초록색일 때가 많다.

발가락 윗면까지
초록색일 때가 많다.

푸른빛이 도는 수컷
포접할 때는
수컷이 암컷에 올라타
가슴을 꼭 잡는다.

노란빛이 도는 암컷

청개구리와 달리
대개 산란지에서 가까운
벼에서 생활한다.

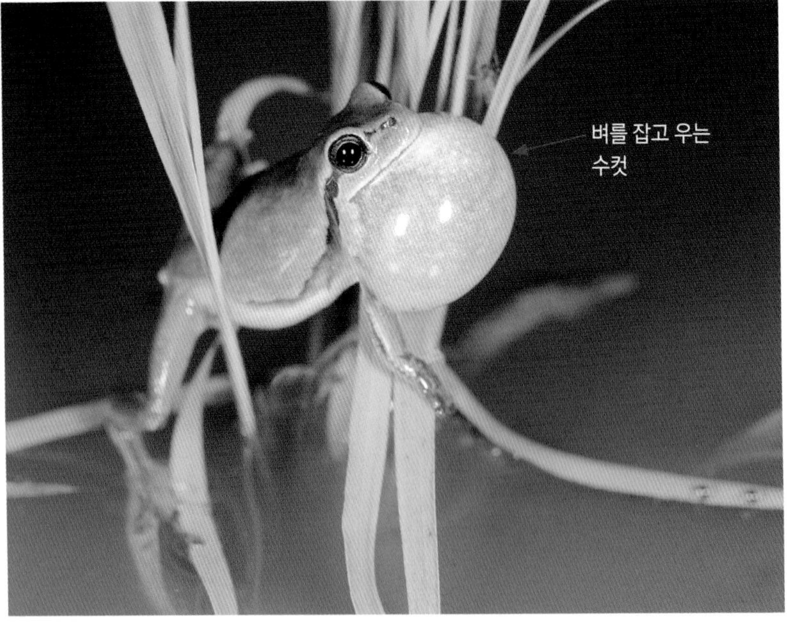
벼를 잡고 우는
수컷

앞발을 꺾어
식물을 잡는다.
수컷은 몸을 수직에 가깝게
세우고 운다.
뒷발 자세도
특이하다.

번식기 초반인
4월 말에서 5월 중순 사이에는
벼처럼 잡고 울 수 있는 식물이
없을 때에는 땅에서도 운다.

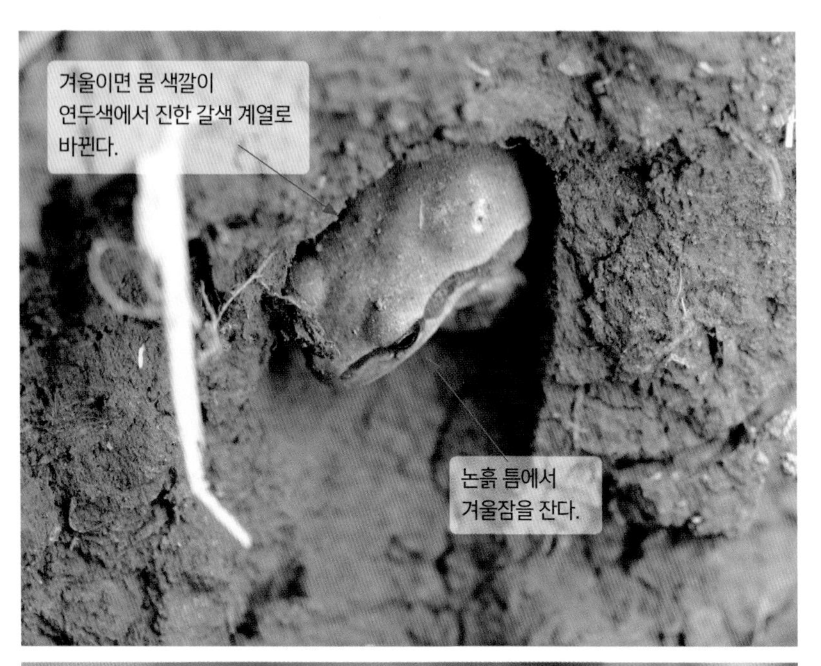
겨울이면 몸 색깔이
연두색에서 진한 갈색 계열로
바뀐다.
논흙 틈에서
겨울잠을 잔다.

여름과 가을에는
논이나 그 주변에 있는 풀에 앉아
쉬거나 사냥한다.

산란 행동
알은 한 번에 3개 미만씩,
모두 200~300개를 낳는다.

주변 식물에
달라붙은 알

▶ 성장 과정

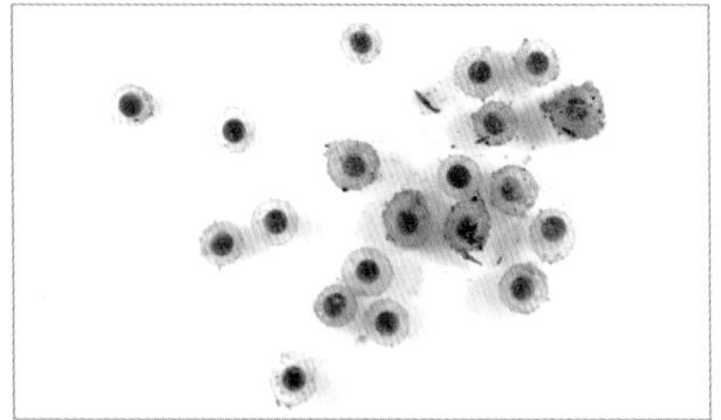

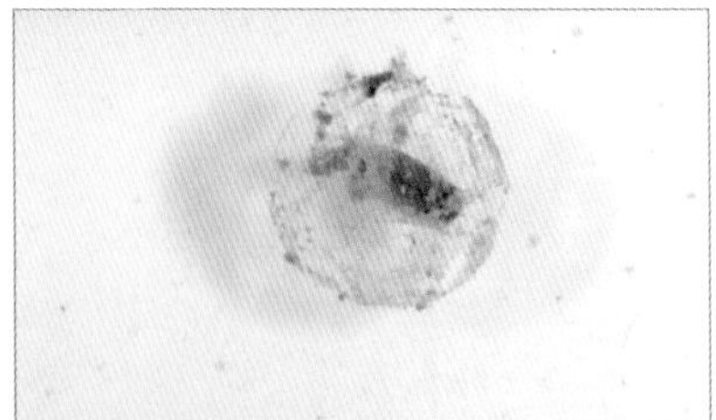

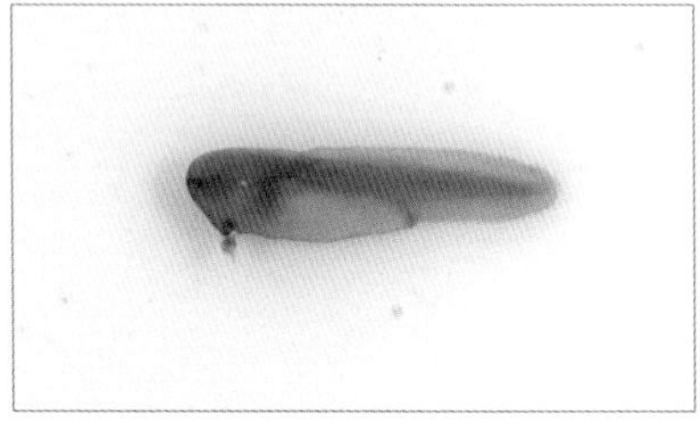

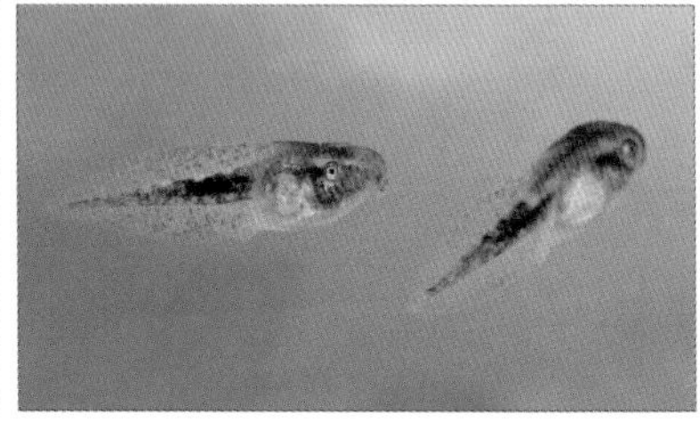

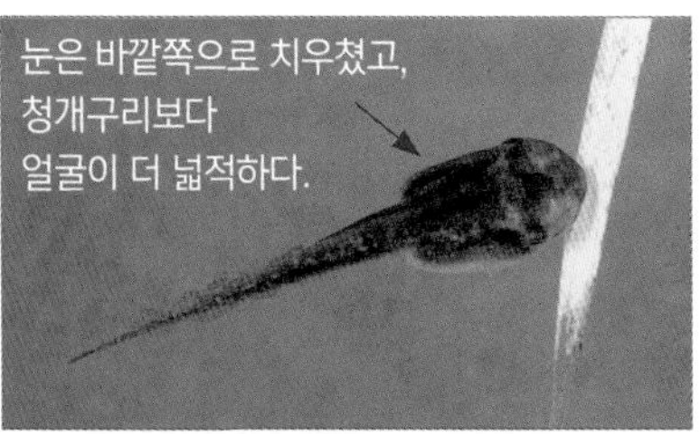
눈은 바깥쪽으로 치우쳤고,
청개구리보다
얼굴이 더 넓적하다.

앞·뒷다리가 나온
올챙이

꼬리가 짧아질 무렵
뭍으로 올라와 쉬는 모습

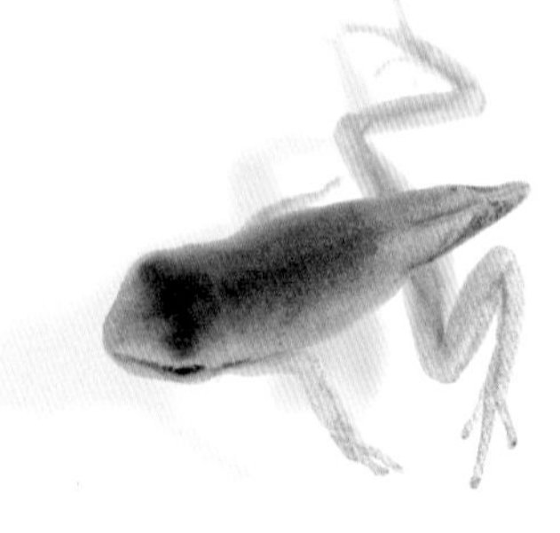

▶ 수원청개구리와 청개구리 비교

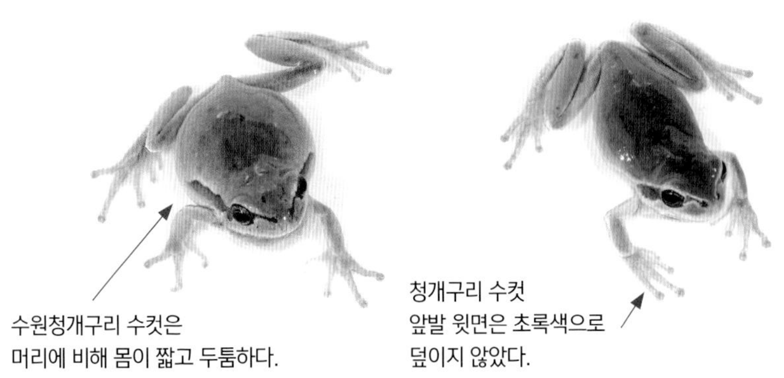

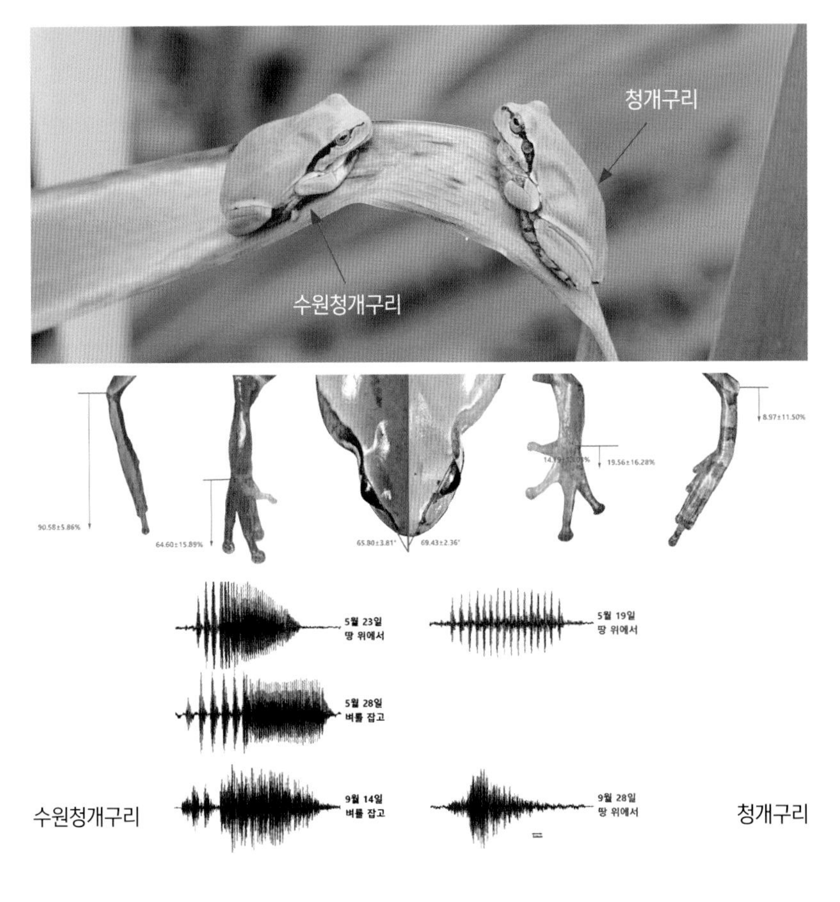

▶ 수컷 비교

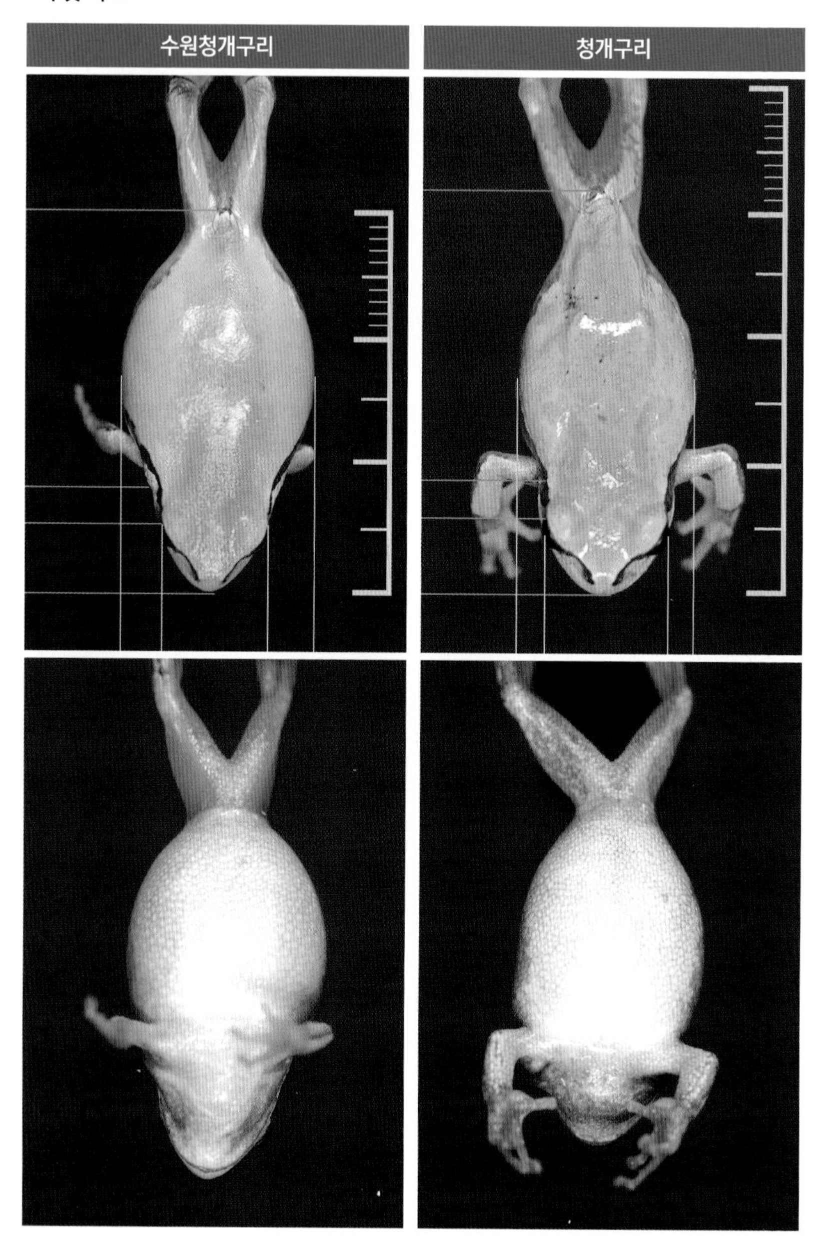

▶ 암컷 비교

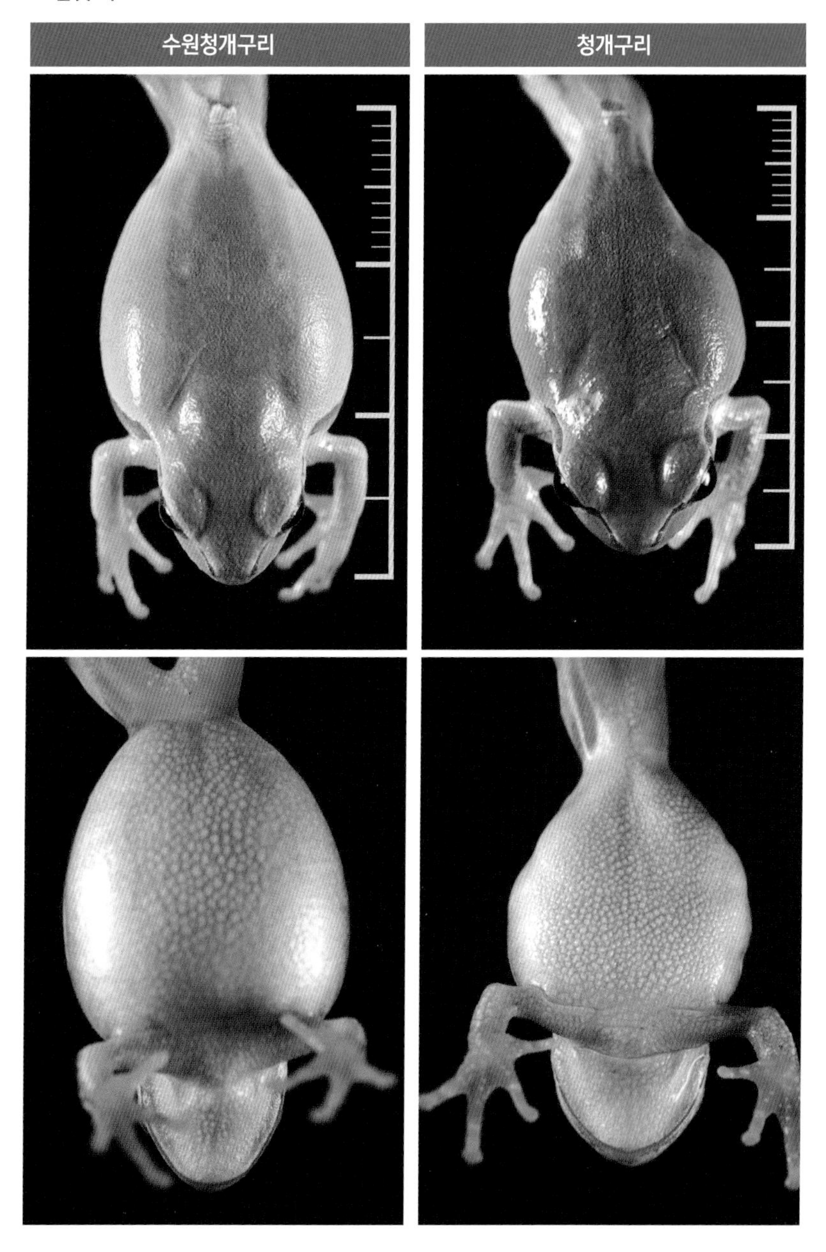

맹꽁이 *Kaloula borealis*

머리몸통길이: 40~55mm | 보이는 시기: 5~10월 | 겨울잠 시기: 11~3월 | 번식기: 5~8월
알 낳는 곳: 비가 내리면 생겼다가 사라지는 웅덩이 | 사는 환경: 풀밭이나 논 주변, 산 | 사는 지역: 전국

낮에는 주로 땅속에 있다가 해가 지고 나면 밖으로 기어 나와 곤충이나 삼킬 수 있는 작은 동물을 먹는다. 5~8월에 비가 내려 생기는 웅덩이 수면에 달걀 프라이처럼 납작한 알을 낳는다. 평소에는 풀밭이나 논 주변에 살다가 알을 낳고 나면 야산으로 옮겨 간다. 부화한 올챙이는 한 달 이내에 탈바꿈을 끝낸다.

몸이 흙색이어서 진흙이나 수풀 속에
동그란 공간을 만들고 숨으면
눈에 잘 띄지 않는다.

수컷은 암컷을 부르고자
목 아래에 있는 울음주머니를
부풀리며 운다.

위험이 닥치면
몸을 풍선처럼 부풀린다.

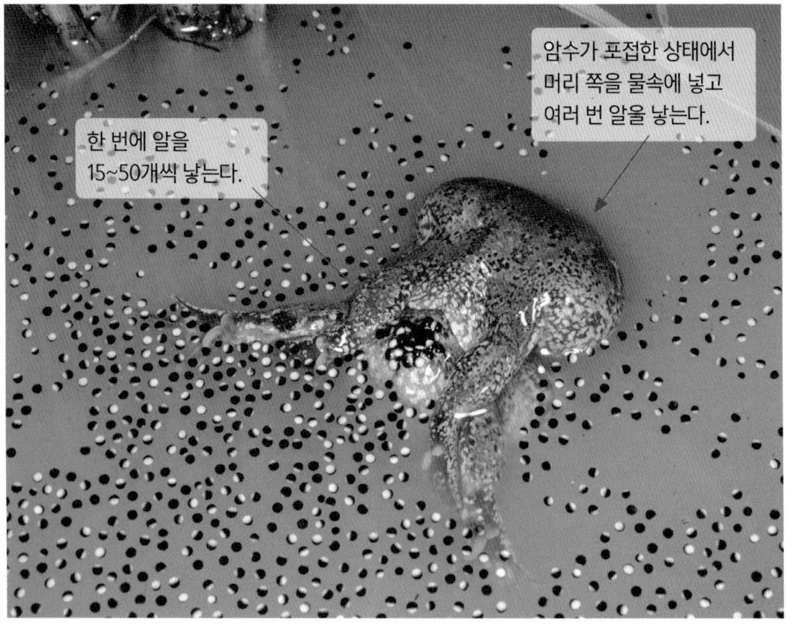
암수가 포접한 상태에서
머리 쪽을 물속에 넣고
여러 번 알을 낳는다.
한 번에 알을
15~50개씩 낳는다.

알은 산소를 얻고자
수면에 달걀 프라이 모양으로
뜬다.

소금쟁이가
알을 빨아 먹기도 한다.

턱 밑에 있는 빨판이
마치 눈처럼 보이지만
이 시기에는 아직 눈이 없다.
갓 부화한 올챙이가
무리 지어
수면에 떠 있다.

올챙이 시기에도
바닥에 둥그렇게 구멍을 파고
숨어 있기를 좋아한다.
꼬리가 어느 정도 짧아지면
뭍으로 올라온다.

▶ 성장 과정

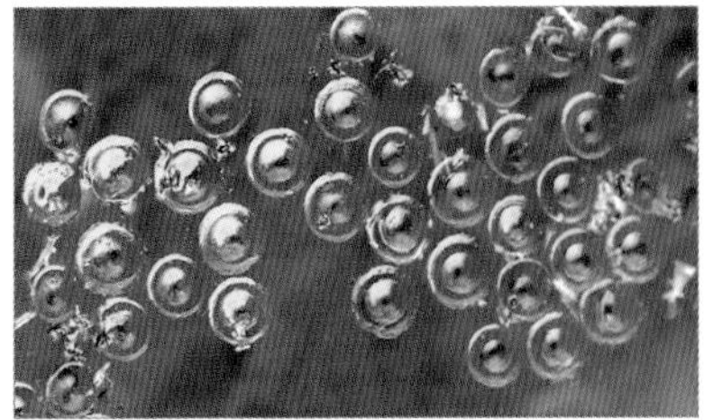

발생 초기 올챙이는
장구 모양을 띤다.

노란색과 회색을 띤 올챙이

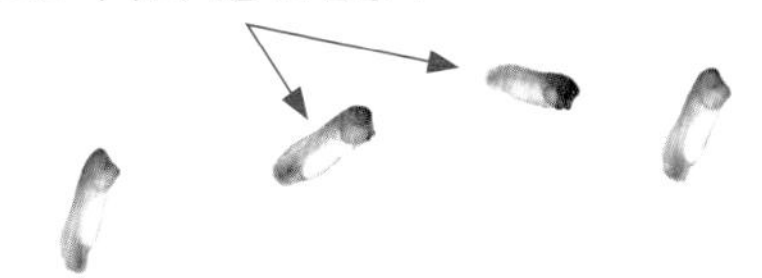

눈은 청개구리 무리처럼 바깥쪽으로
치우쳤으나 몸은 동그랗다.

앞·뒷다리가 나오고
꼬리가 짧아진 올챙이

▶ 암수 비교

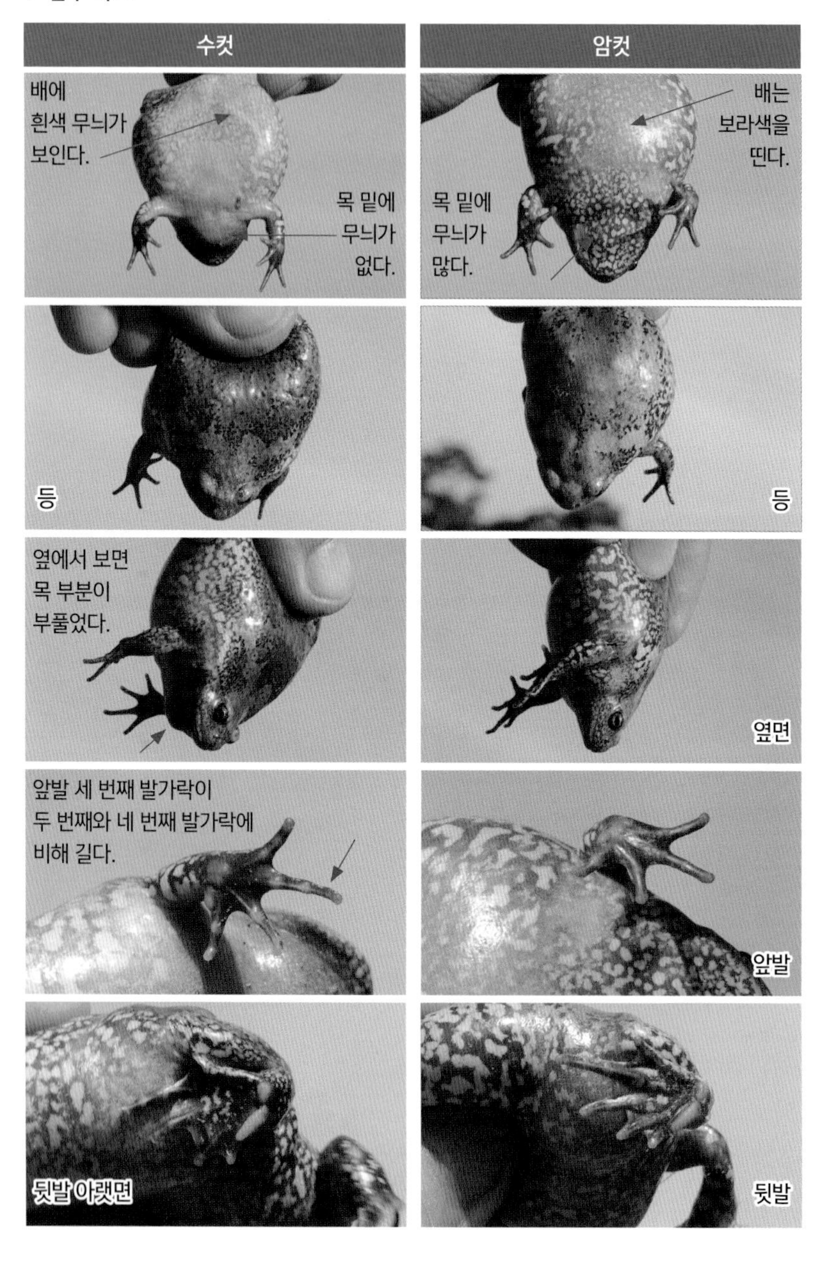
수컷
암컷
배에
흰색 무늬가
보인다.
목 밑에
무늬가
없다.
배는
보라색을
띤다.
목 밑에
무늬가
많다.
등
등
옆에서 보면
목 부분이
부풀었다.
옆면
앞발 세 번째 발가락이
두 번째와 네 번째 발가락에
비해 길다.
앞발
뒷발 아랫면
뒷발

참개구리 *Pelophylax nigromaculatus*

머리몸통길이: 65~95mm | 보이는 시기: 4~10월 | 겨울잠 시기: 10~3월 | 번식기: 3~6월
알 낳는 곳: 논이나 웅덩이 | 사는 환경: 논이나 산지 습지 | 사는 지역: 전국

가장 흔히 보이는 개구리였지만 최근 급격히 개체수가 줄어들고 있다. 논에서 많이 보여서 논개구리, 큰 소리로 울어서 악머구리, 덩치가 커서 떡개구리라고도 한다. 4월부터 수컷 여러 마리가 웅덩이나 물을 댄 논에 모여 "꾸르륵, 꾸르륵" 울면서 암컷을 부른다. 울음주머니는 양 볼에 있고, 울 때마다 울음주머니가 부풀었다가 쪼그라들었다가 한다. 암컷이 다가오면 수컷이 암컷 등에 올라타서 가슴을 꼭 껴안는다. 암컷이 물에 알을 1,000개 정도 낳으면 수컷이 알에다 정자를 뿌린다.

울음주머니를
부풀린 수컷

대부분 농경지 둘레의 구조물이나
주변 흙 아래에서 겨울잠을 잔다.

포접할 때 수컷이
암컷에 올라타
가슴을 끌어안는다.
암컷은 얼룩덜룩한
무늬가 있다.

초록빛이 진한 수컷

등 가운데 난 줄이
연하거나 없는 개체도 있다.
돌기가 길쭉한 점이
참개구리 특징이다.

등에 길쭉하게 솟은 주름돌기
고막

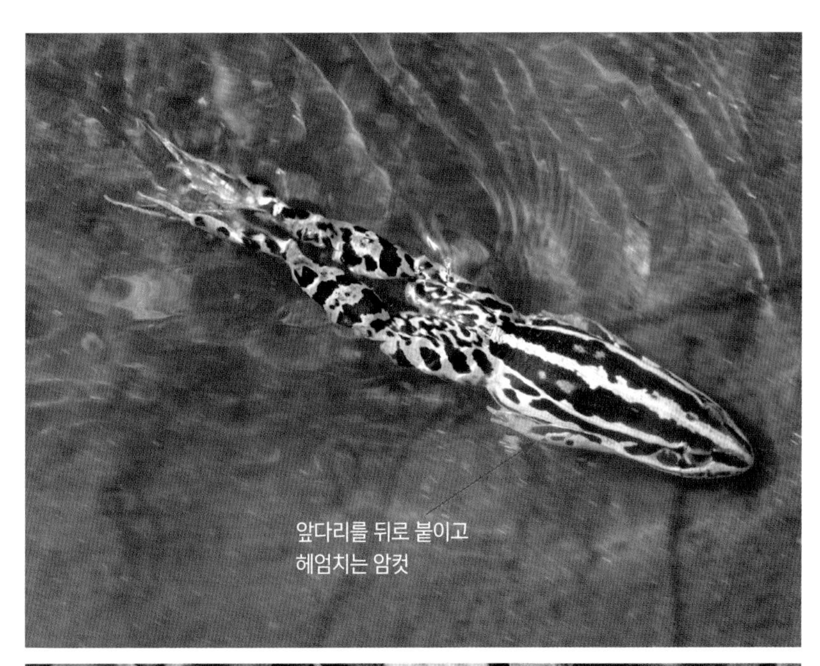
앞다리를 뒤로 붙이고
헤엄치는 암컷

가운데 줄이 없고
색이 독특한 제주도 개체

검은색 무늬가 있는
암컷
등에 길쭉하게
돌기가 솟은 수컷

수컷 울음주머니는
밖에서도 잘 보인다.

수컷 앞발에 혼인돌기가
발달한다.

암컷은 첫 번째 앞발가락이 길고,
혼인돌기가 없다.

▶ 성장 과정

갓 낳은 알에서는
난황이 많은
노란 부분이 보인다.

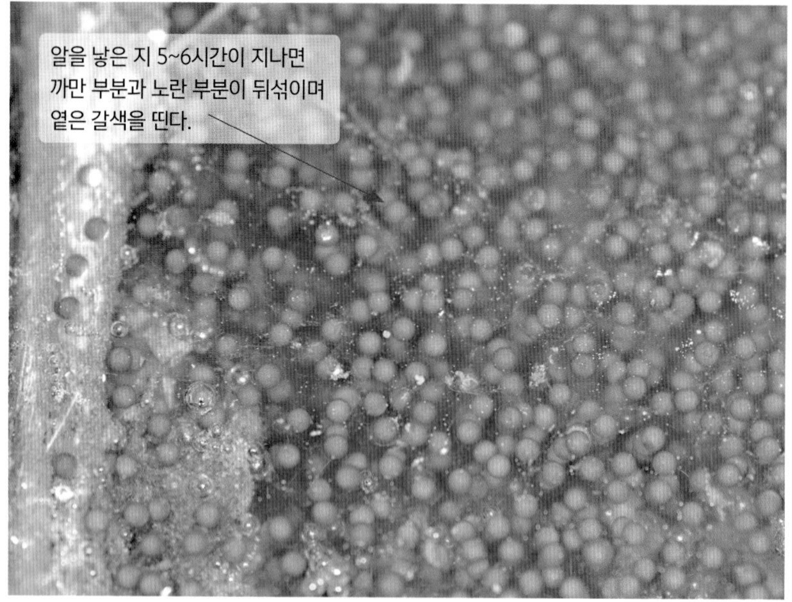
알을 낳은 지 5~6시간이 지나면
까만 부분과 노란 부분이 뒤섞이며
옅은 갈색을 띤다.

흙을 뒤집어쓴
알덩이
산개구리 무리 알과 달리
시간이 지나면서 알과 알 사이
우무질이 늘어진다.
부화가 가까워질수록
알덩이는 수면에서
넓게 퍼진다.

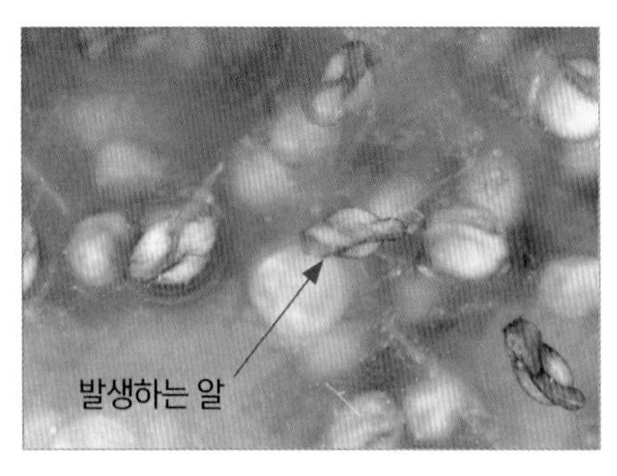

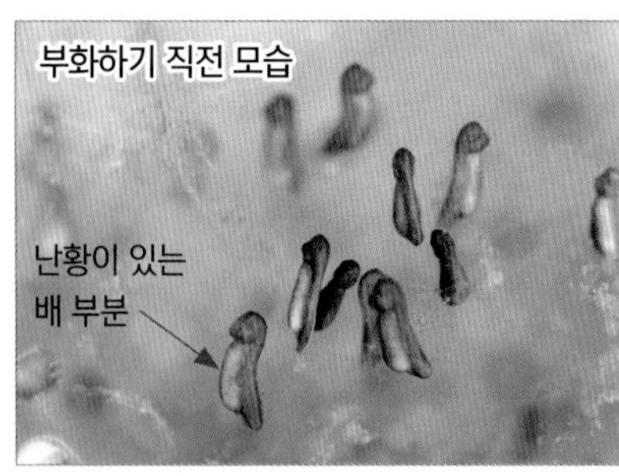

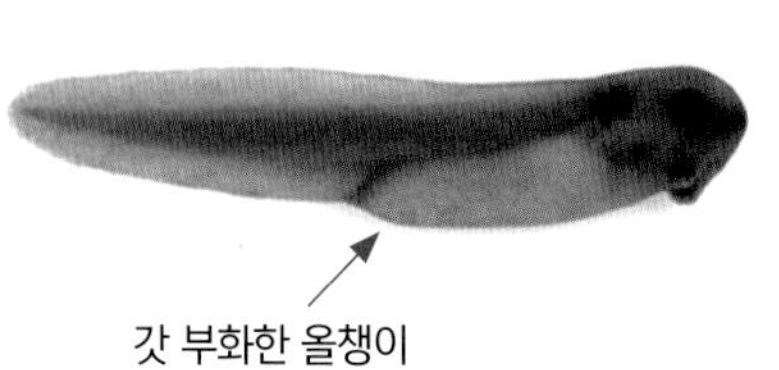

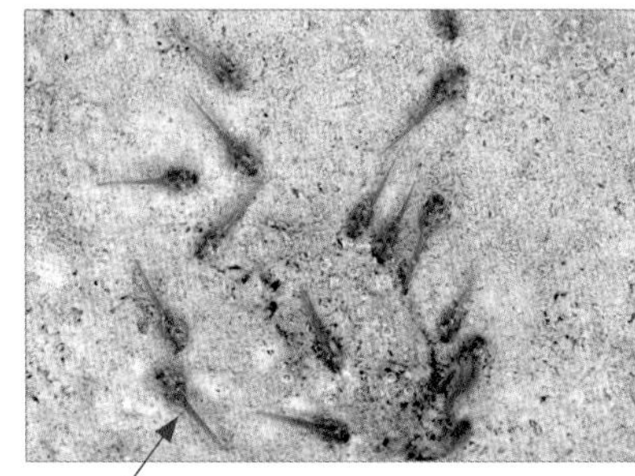

부화한 지 2~3일 된
올챙이

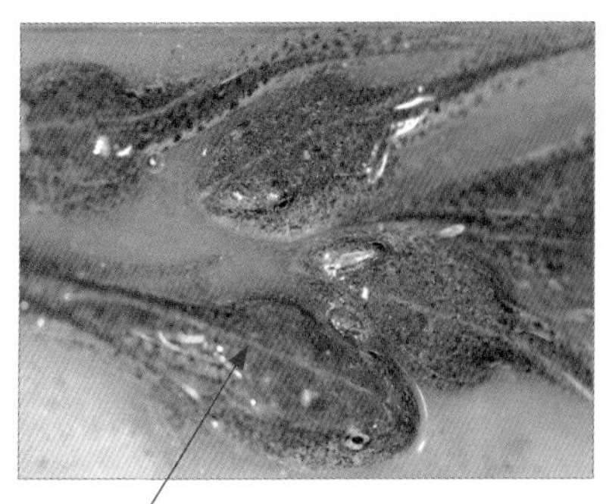

등에 가운데 선이 보인다.

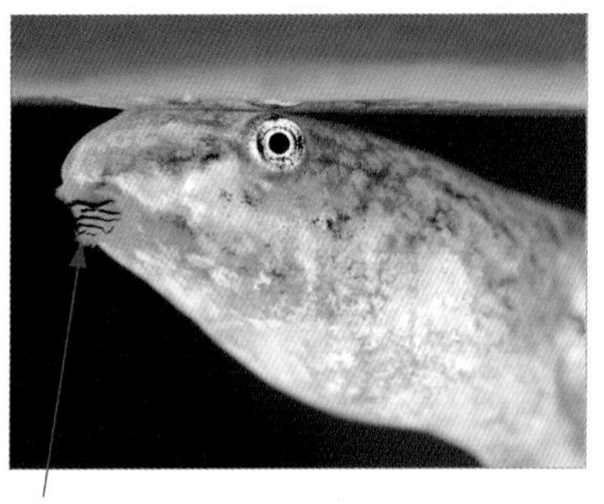

입 주변에 먹이를 갉는
순치가 보인다.

앞다리가 나왔을 무렵부터
등에 솟은 돌기가 보인다.

금개구리 *Pelophylax chosenicus*

머리몸통길이: 30~65mm | 보이는 시기: 4~10월 | 겨울잠 시기: 10~3월 | 번식기: 4~7월
알 낳는 곳: 논이나 농로, 저수지 | 사는 환경: 논이나 습지 주변 | 사는 지역: 전국

멸종위기 야생생물 Ⅱ급으로 지정해 보호하는 개구리다. 등 옆에 굵고 뚜렷한 금색 융기선이 2줄 있으며 배는 노랗다. 4월부터 활동하며, 암컷에 비해 크기가 많이 작은 수컷이 "뽁, 뽁, 끄르르르륵"하는 울음소리로 암컷을 부른다. 4월 말에서 7월까지 물풀이 많은 농수로나 저수지에 노란색 알을 낳는다. 올챙이도 노란빛을 많이 띠며, 꼬리에 선명한 가로줄이 있다. 논이나 저수지 주변 흙 속에서 겨울잠을 잔다.

* 2008년과 2010년 논문에 중국 금개구리와 다른 학명(*Pelophylax plancyi*)으로 발표되었으나, 유전적으로는 차이가 없다.

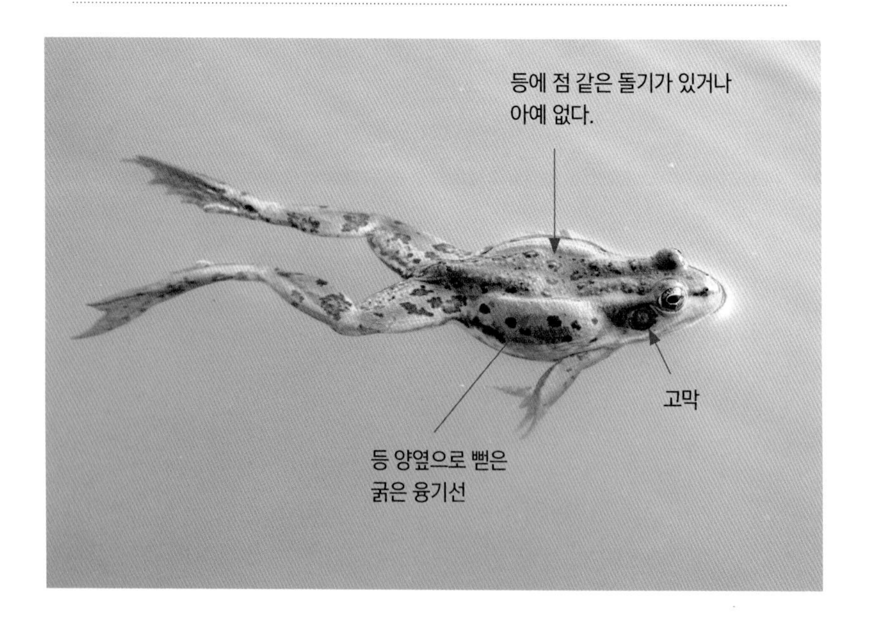

등에 솟은
점 같은 돌기
주로 물풀에 앉아 있다.

물풀에 자리 잡고
암컷을 부르는 수컷
울음주머니는 짧은 시간 동안
부풀어 오른다.

여름철에는
진한 녹색을 띤다.
배 부분은
노란색을 띤다.

어린 개체는 갈색을 띠며,
다 자라서도 기온이 낮거나
가을 무렵에는 갈색을 띤다.

수온이 올라가면서
몸 색깔이
갈색에서 초록색으로
변한다.

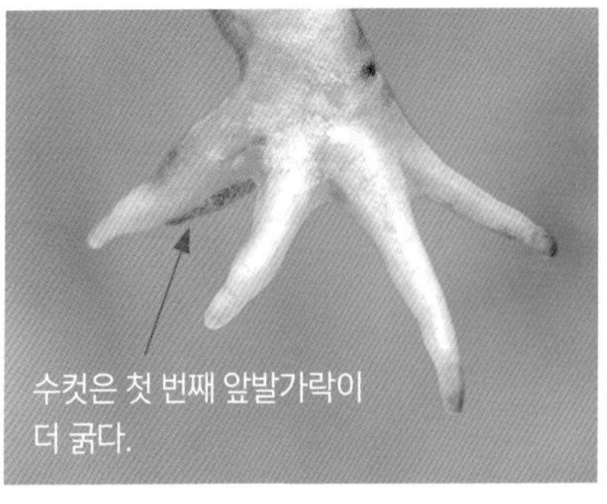
수컷은 첫 번째 앞발가락이
더 굵다.

암컷은 수컷보다
배가 더 노랗다.

암컷에 비해 유난히 작은 수컷은
포접했을 때 총배설강 위치를 맞춘다.

논 주변 진흙을
파고 들어가
겨울잠을 잔다.

금개구리와
참개구리 잡종

▶ 성장 과정

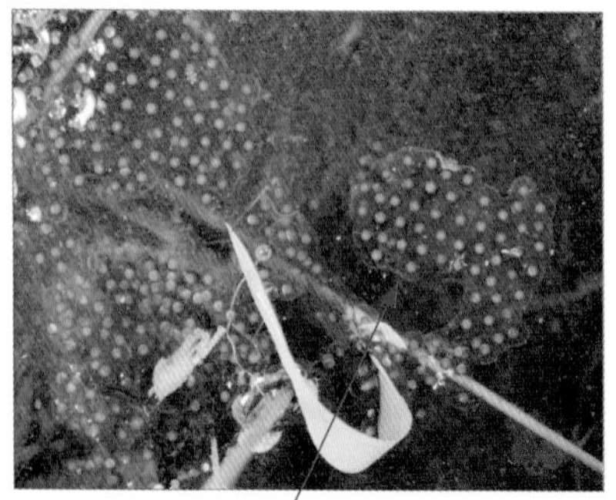

알은 한 번에 20~50개씩
여러 번에 걸쳐 낳으며,
대부분 물에 떠 있다.

발생 초기에는 노란빛이 돈다.

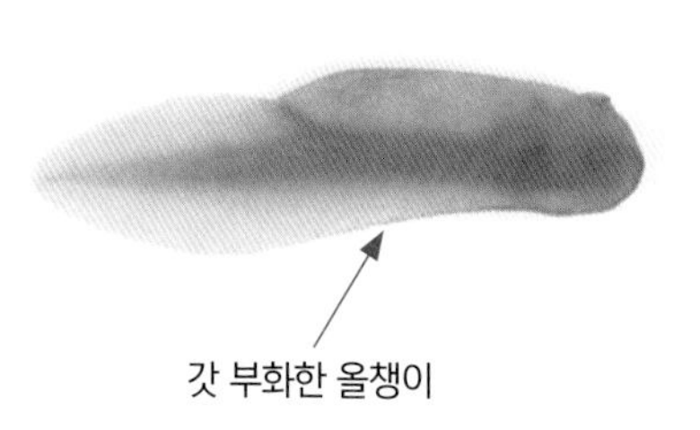

갓 부화한 올챙이

부화한 지 얼마 되지 않은 올챙이 무리

콧구멍 주변에 난 줄은
참개구리 올챙이와 비슷하지만
몸 색깔은 더욱 노란빛을 띠어
차이가 난다.

꼬리 옆면에
흰 선이 뚜렷하다.

조금 자라면 참개구리 올챙이와 달리
초록빛을 띤다.
자라면서 등에
점이 나타난다.
머리 부분이
심하게 좁아진다.
꼬리 옆면에
흰 선이 길게 있다.
앞다리는 대부분
왼쪽부터 나온다.
꼬리가
거의 없어진 상태
갓 탈바꿈을 끝낸
개체

▶ 참개구리, 금개구리, 잡종 비교

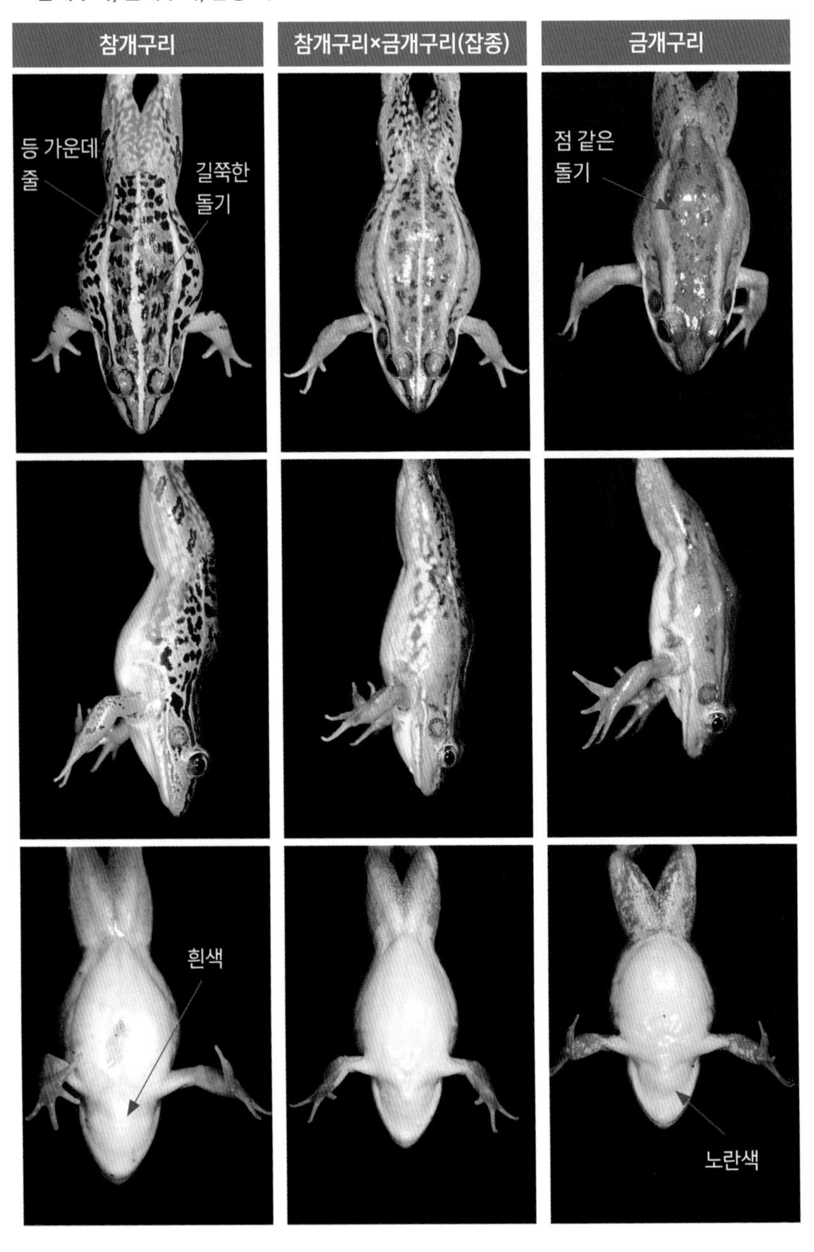

▶ 참개구리, 금개구리 윗면 비교

참개구리	금개구리

가운데에 줄이 있고
좌우로도 가는 금색 줄이 있다.

좌우로 굵은 금색 줄이 있다.

길쭉한 주름돌기가 있다.

점이 있다.

옴개구리 *Glandirana emeljanovi*

머리몸통길이: 30~60mm | 보이는 시기: 4~10월 | 겨울잠 시기: 10~3월 | 번식기: 4~8월
알 낳는 곳: 계곡 주변 웅덩이나 논, 하천, 저수지 | 사는 환경: 계곡, 하천이나 저수지 주변
사는 지역: 전국

온몸에 돌기가 난 모습이 옴에 걸린 모습과 비슷해 옴개구리라고 한다. 몸은 흑갈색이나 회갈색을 띤다. 1년 내내 물속이나 물가에서 지낸다. 번식기에 수컷이 내는 소리는 사는 환경에 따라 조금씩 다르다. 계곡에 사는 무리는 "규, 규, 끼륵, 끼륵, 뽁", 저수지 주변에 사는 무리는 "드르르르르"하고 울며 암컷을 부른다. 보통 노란빛을 띠는 알 20~50개를 작은 덩어리로 여러 번에 걸쳐 낳지만, 농수로나 저수지에서는 한 번에 큰 덩어리로 낳기도 한다. 늦게 부화한 올챙이는 겨울을 난 뒤 이듬해에 개구리로 탈바꿈한다.

* 최근 이루어진 유전자 분석 결과 차이와 사는 환경마다 다른 울음소리를 바탕으로 볼 때 여러 종으로 나뉠 가능성도 있다.

수컷
갈색 바탕에 검은 점이 있다.

포접 행동
수컷은 암컷에 올라타
가슴을 끌어안는다.

돌 밑에서 겨울잠을 자는 두 마리
등에 난 돌기가 큰 개체

산란을 준비하는 한 쌍
수컷
암컷

저수지 주변에 생긴 틈에 숨어
우는 수컷

▶ 성장 과정

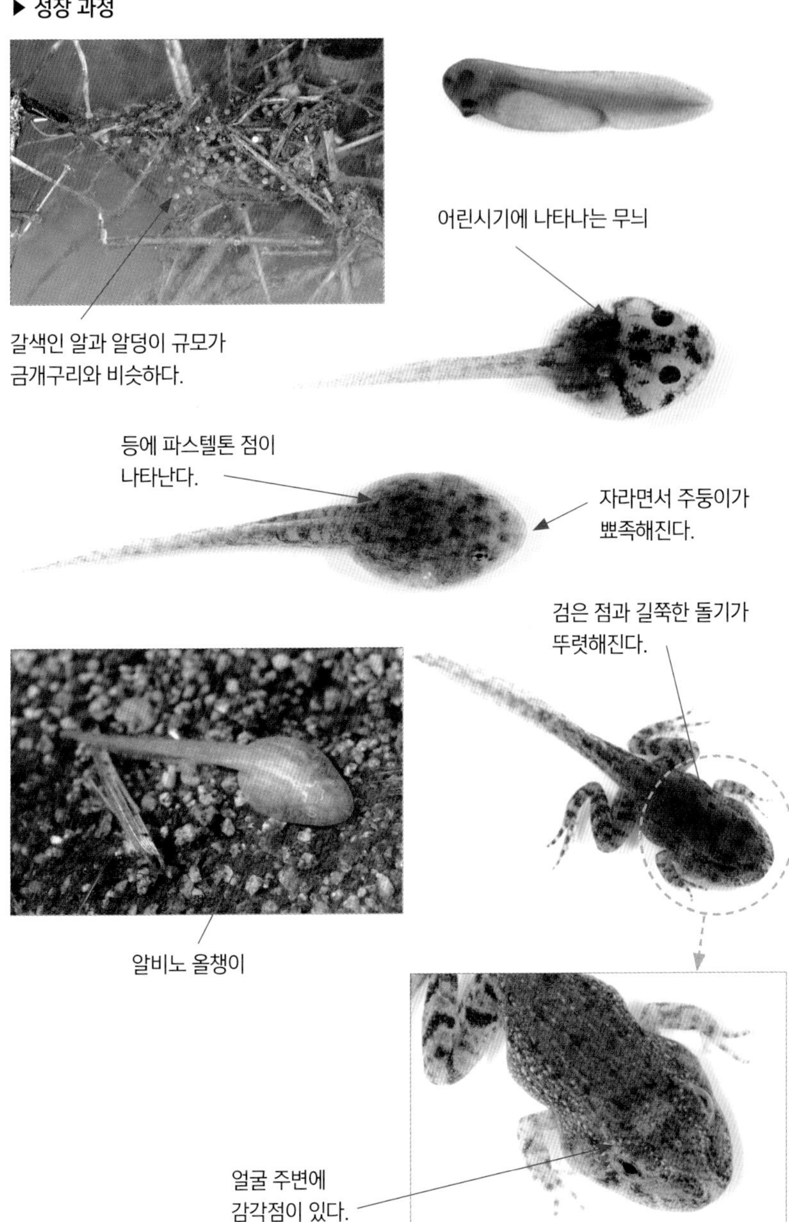
어린시기에 나타나는 무늬
갈색인 알과 알덩이 규모가
금개구리와 비슷하다.
등에 파스텔톤 점이
나타난다.
자라면서 주둥이가
뾰족해진다.
검은 점과 길쭉한 돌기가
뚜렷해진다.
알비노 올챙이
얼굴 주변에
감각점이 있다.

한국산개구리 *Rana coreana*

머리몸통길이: 35~45mm | 보이는 시기: 2~10월 | 겨울잠 시기: 10~2월 | 번식기: 2~3월
알 낳는 곳: 산이나 논에 있는 웅덩이 | 사는 환경: 산지 | 사는 지역: 전국

입 부분에 흰색 줄이 있고, 뒷발에 물갈퀴가 덜 발달한 편이다. 알을 밴 암컷 배는 빨갛다. 2월 말에 산이나 논 주변에 있는 작은 웅덩이에서 수컷이 작게 "콕콕콕" 소리를 내며 연달아 운다. 400~700개 알로 이루어진 어른 한 손바닥 안에 들어갈 만한 크기 알덩이를 하나 낳는다. 산란지 주변 낙엽이나 흙 속에서 겨울잠을 자기도 하며, 알을 낳은 뒤에는 평지 습지에서도 보인다.

* 최근 중국 산둥반도에 사는 *Rana kunyuensis*가 한국산개구리와 같은 종이라고 밝혀졌다. 그러므로 한국산개구리는 우리나라에서부터 중국 동북부까지 분포한다.

등에 난 점이 모여
흐릿한 2줄을 이룬다.

수컷은 갈색이다.
번식기에 암컷은
주로 붉은색을 띤다.

암수 모두 입에
또렷한 흰색 줄이 있다.
수컷
암컷

진한 갈색을 띤 수컷

알 낱개는 제법 크다.
물에 가라앉기도 한다.

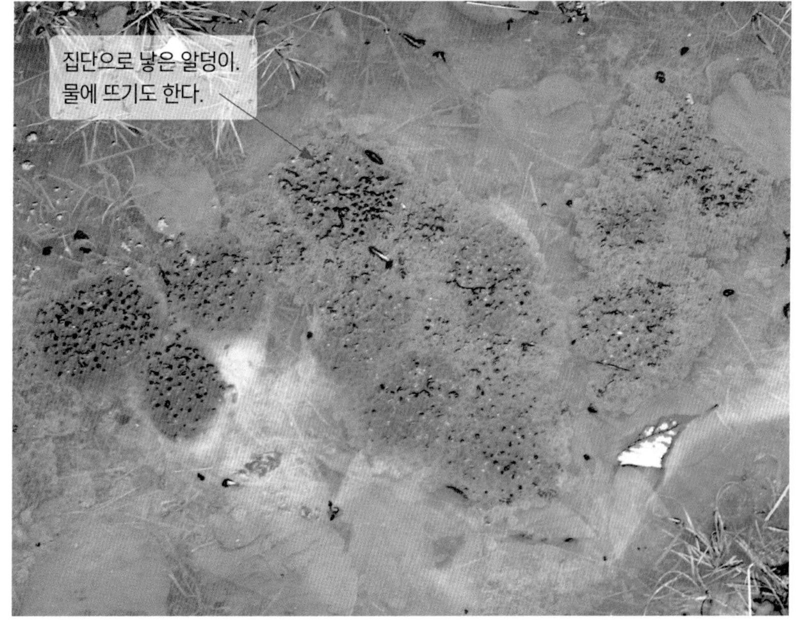
집단으로 낳은 알덩이.
물에 뜨기도 한다.

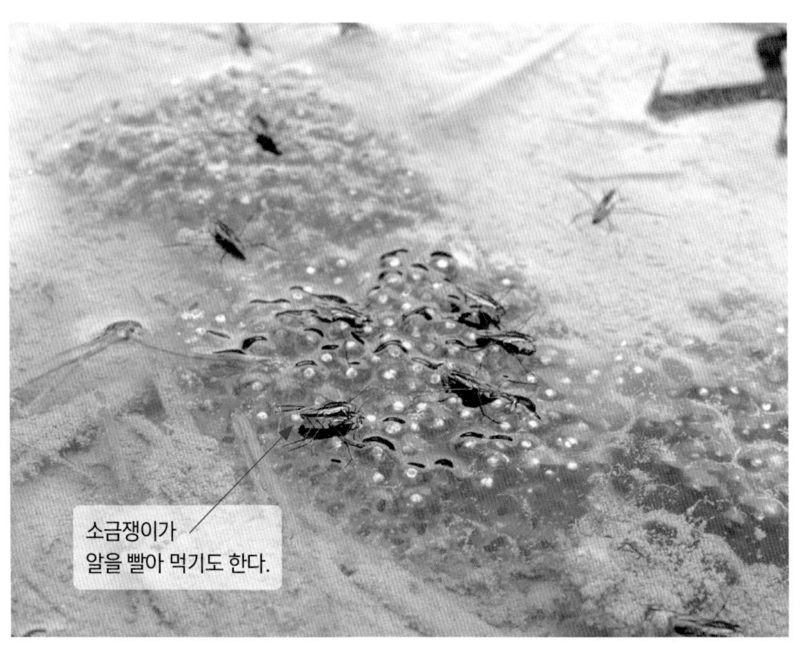
소금쟁이가
알을 빨아 먹기도 한다.

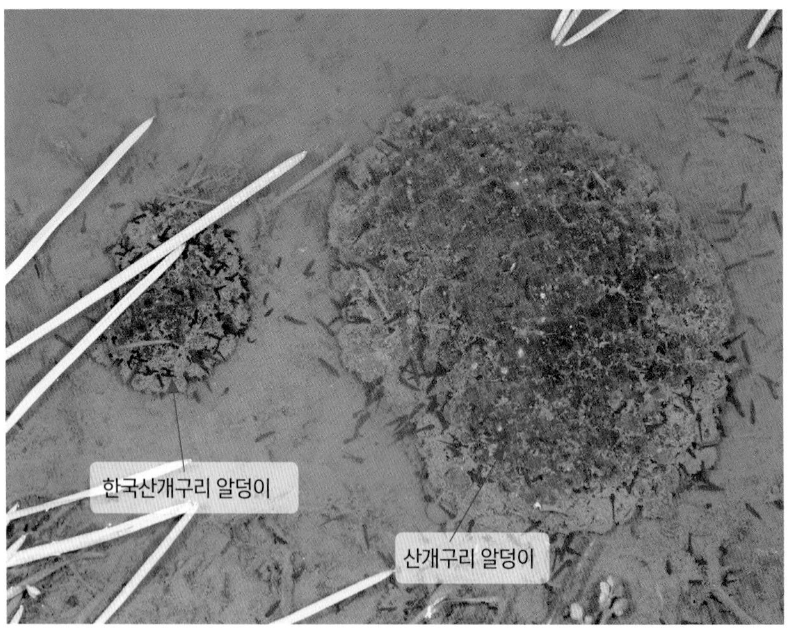
한국산개구리 알덩이
산개구리 알덩이

▶ 성장 과정

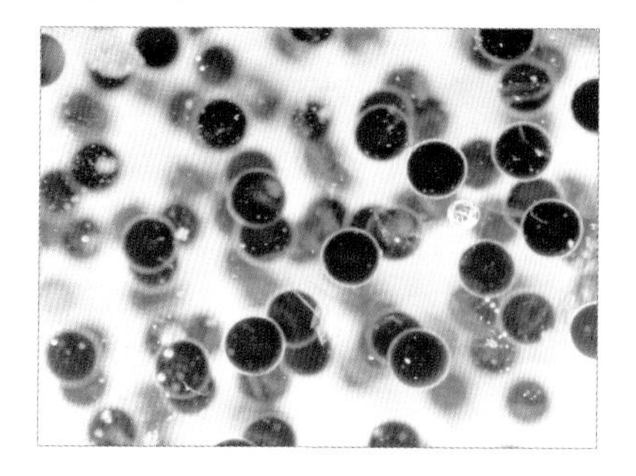

올챙이 등에 검은 점이
2개 있는 시기가 있다.

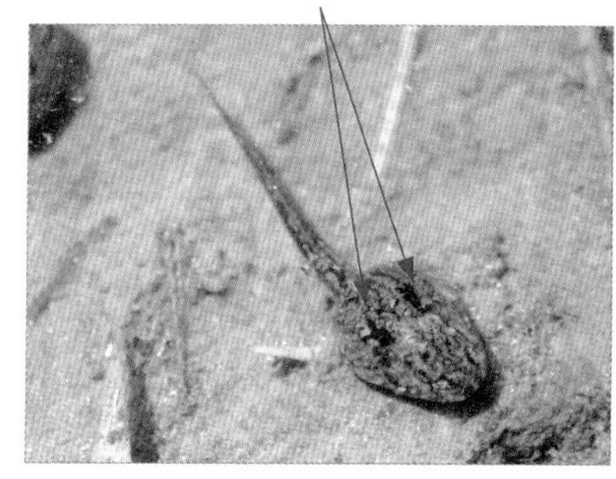

등에 난 검은 점은
성장하면서 사라진다.

앞다리가 나온
올챙이

꼬리가 많이
짧아졌다.

입 주변에
흰색 줄이 보인다.

산개구리* *Rana uenoi*

머리몸통길이: 55~85mm | 보이는 시기: 2~10월 | 겨울잠 시기: 10~2월 | 번식기: 2~4월
알 낳는 곳: 산지 주변에 있는 논이나 웅덩이 | 사는 환경: 산지 | 사는 지역: 전국

산에서 주로 생활하고 관찰되기에 산개구리라고 한다. 등은 마른 나뭇잎과 비슷한 갈색이어서 눈에 잘 띄지 않는다. 몸 색깔은 여름에는 밝은 갈색, 겨울에는 진한 갈색으로 바뀐다. 10~11월에 울음소리로 자기 위치를 알리며 산란지로 가고, 그 주변 물속이나 땅 위 돌 틈에서 무리 지어 겨울잠을 잔다. 이듬해 얼음이 녹을 무렵, 수컷들은 "호르르릉, 호르르릉"하는 소리를 내며 암컷을 부르고, 서로 앞다투어 암컷 등에 올라타려고 한다. 우리나라 개구리 무리 가운데 가장 이른 시기에 알을 낳으며, 알을 낳고 나면 다시 산으로 올라간다. 봄부터 가을까지 계곡 주변이나 숲과 같은 습기 많은 곳에서 먹이 활동을 하며 지낸다.

* 최근까지 북방산개구리(*Rana dybowskii*)로 기록되었다. 그러나 2014년 일본 마쓰이가 쓰시마와 한반도에 걸쳐 사는 산개구리류를 *Rana uenoi*(산개구리)로 발표했고, 2017년에는 *Rana uenoi*는 *Rana dybowskii*와 다른 종이며 백두산을 기점으로 2종이 나뉜다는 논문이 발표되었다. 참고로 *Rana dybowskii*는 백두산 위쪽에만 사는 것으로 확인되었다.

여름에는 대부분
밝은 갈색을 띤다.

수컷이 울면
울음주머니가 부푼다.

혼인돌기
수컷이 암컷 가슴을
끌어안는다.
포접 행동

등에 거꾸로 된 V자가 있는
개체가 많다.

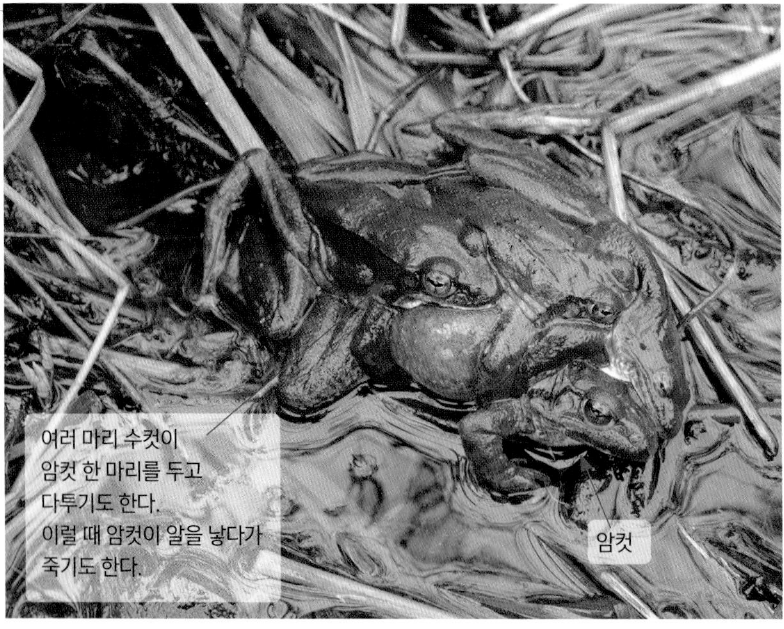
여러 마리 수컷이
암컷 한 마리를 두고
다투기도 한다.
이럴 때 암컷이 알을 낳다가
죽기도 한다.
암컷

검은 점이 더 많은
제주 개체
제주도

진한 갈색을 띠는
전남 영암 개체
암컷이 알을 낳으면
수컷이 정액을 뿌려 수정시킨다.

오래된 다른 알덩이
알은 시간이 지나면
물을 머금어 부푼다.
알을 낳은 뒤 수컷은 떠나고
지친 암컷만 남아 있다가 산으로 간다.
논에 고인 물에
집단으로 알을 낳았다.

▶ 성장 과정

부푼 알
갓 부화한 올챙이라
외부아가미가 잘 보인다.
외부아가미는 자라면서
점점 피부에 덮여
사라진다.
입 주변 순치
계곡산개구리보다
배에 있는 금빛 점이
뭉쳐 있다.

등에 거꾸로 된 V자 무늬가
보인다.
앞다리가 나왔다.
머리 모양이
성체에 가까워지고 있다.

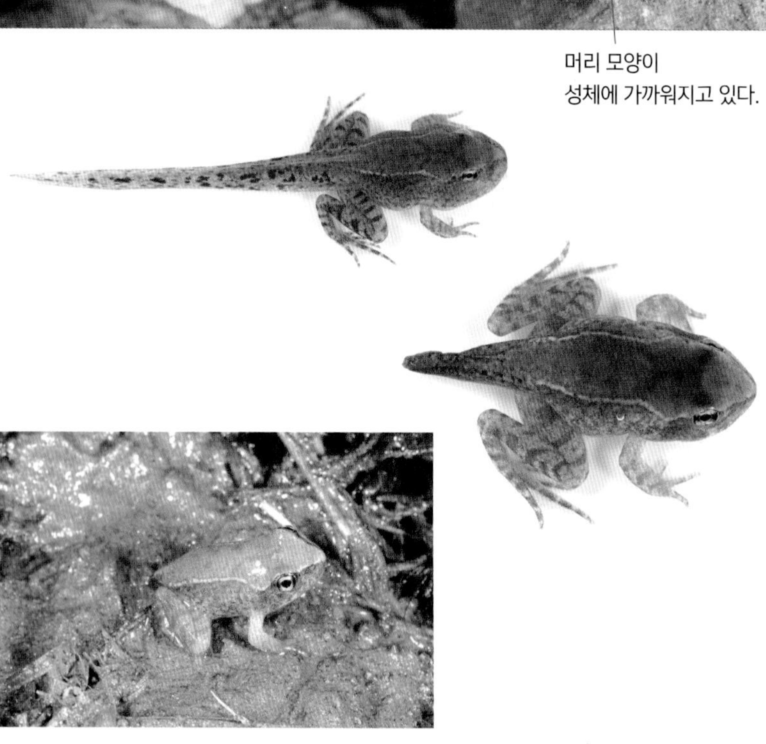

▶ 산개구리 외부아가미 덮이는 과정

계곡산개구리 *Rana huanrenensis*

머리몸통길이: 45~65mm | 보이는 시기: 2~10월 | 겨울잠 시기: 10~2월 | 번식기: 2~4월
알 낳는 곳: 계곡의 물 흐름이 느린 곳 | 사는 환경: 산지 | 사는 지역: 전국

대체로 산개구리와 매우 닮아 구별하기 어렵지만 번식기 수컷 배 색깔이 다르다. 산개구리는 우윳빛을 띠지만 계곡산개구리는 노란빛을 띠며 검은 점이 있다. 수컷은 낮게 "득득득"하고 울며 암컷을 부른다. 짝을 지은 쌍은 물 흐름이 느린 곳에서 빙빙 돌며 발길질로 돌이나 낙엽에 있는 모래를 치운 다음 끈적이는 알덩이를 낳는다. 알덩이는 돌이나 낙엽에 달라붙어 물살에 떠내려가지 않으며, 물을 머금으면서 커진다. 산개구리와 잡종인 개체가 있으며, 번식기에는 산개구리와 비슷한 울음소리를 낸다.

알을 밴 암컷
수컷에 비해 머리가 크고
눈이 더욱 튀어나왔다.

포접 행동
수컷 피부가 더 기름지고
늘어진 듯하다.

수컷. 울음주머니가
보이지 않는다.
수컷에 비해 눈이 더 크고
붉은 암컷이 많다.
암컷

알을 밴 암컷
여러 마리 수컷이 짝짓기하고자
암컷 한 마리에게 달려든다.

등에 거꾸로 된 V자가 없고,
돌기가 보이는 개체가 많다.

나중에 낳은 알
먼저 낳은 알
알은 시간차를 두고서 계곡 바닥이나 돌,
낙엽 등에 붙여 낳는다.

물 흐름이 느린 곳이나 거의 흐르지 않는 곳에 무리 지어 알을 낳는다.

알은 돌을 뒤집어 봐도 떨어지지 않을 만큼 단단히 붙어 있다.

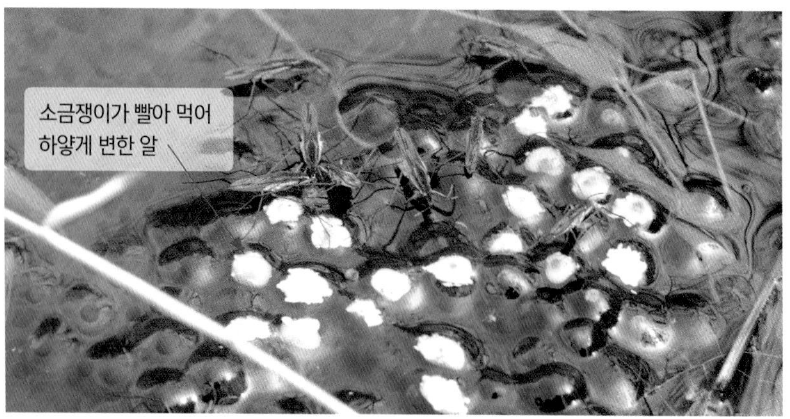
소금쟁이가 빨아 먹어 하얗게 변한 알

▶ 성장 과정

알은 발생 후기까지 탱글탱글한 상태를 유지하며, 알의 까만 부분이 산개구리보다 더 크다.

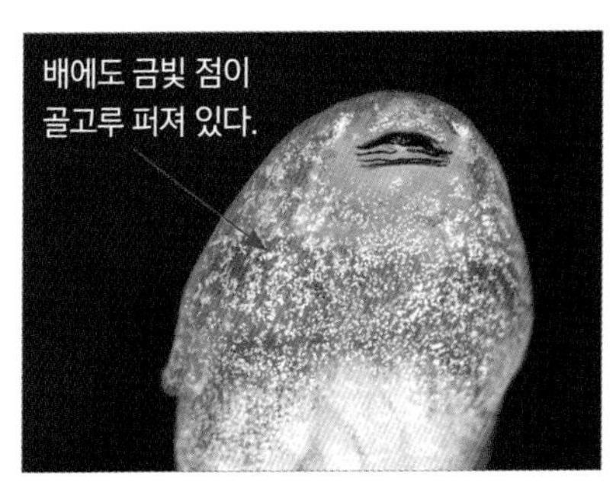

▶ 산개구리, 계곡산개구리, 한국산개구리 암컷 비교

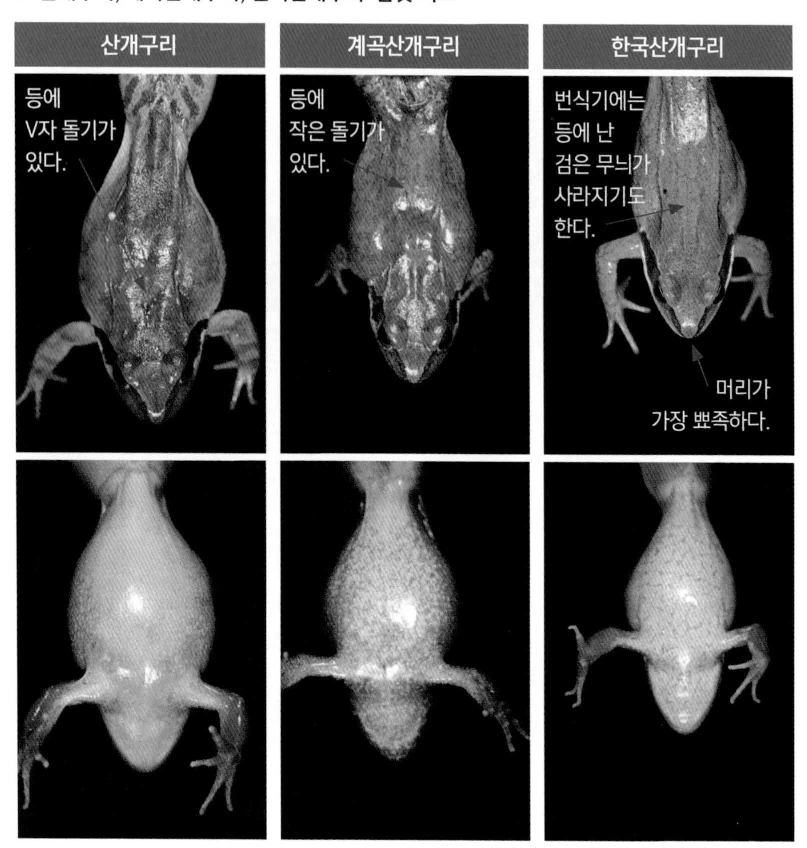

▶ 산개구리와 계곡산개구리 비교

	산개구리	계곡산개구리
알	· 뜨거나 가라앉는다. · 까만 부분이 1.2mm 정도 · 까만 부분에 비해 알이 크다. · 우무질이 많이 부푼다. · 부화할 무렵 흐물흐물해진다.	· 대부분 바닥에 붙는다. · 까만 부분이 2mm 정도 · 까만 부분이 알에서 차지하는 비율이 높다. · 부화할 때까지 형태가 유지된다.
유생	· 길쭉하다. · 외부아가미가 긴 편	· 산개구리에 비해 색이 더 검고 두툼하다. · 외부아가미가 짧은 편
올챙이	· 밝은 편이다. · 아랫부분에 점이 많다. · 눈이 그리 하얗지는 않다. · 배에 난 금빛 무늬가 뭉쳐 있다.	· 어두운 편이다. · 몸 전체, 특히 앞부분에 점이 많다. · 몸이 검은 데 반해 눈이 하얘서 도드라진다. · 배에 난 금빛 무늬가 잘게 흩어져 있다.
성체	· 눈에 비해 고막이 크다. · 눈이 도드라지지 않는다. · 주둥이 앞쪽이 뾰족하다. · 뒷발가락 사이 물갈퀴가 약간만 발달했다. · 포접할 때 뒷발가락을 벌리고 위로 들지 않는다. · 번식기 수컷은 목 아래쪽이 우윳빛이다. · 번식기 암컷은 배가 붉으며 몸통에 비해 머리가 작다. · 뒷다리를 머리 위로 들었을 때 주둥이 끝보다 길다. · 수컷은 "호르르르릉"하며 운다.	· 눈에 비해 고막이 작다. · 눈이 도드라진다. · 주둥이 앞쪽이 둥그렇다. · 뒷발가락 사이 물갈퀴가 매우 발달했다. · 포접할 때 뒷발가락을 벌리고 위로 든다. · 번식기 수컷은 목 아래쪽이 노란빛이며 점이 있다. · 번식기 암컷은 배가 노랗고 몸 전체가 산개구리에 비해 작다. · 뒷다리를 머리 위로 들었을 때 주둥이 끝과 길이가 비슷하다. · 수컷은 작게 "득득득"하며 운다.

* 두 종 사이에 잡종도 있고, 개체별 특징이 겹치기도 하므로, 여러 특징을 종합해 판단해야 한다.

▶ 북방산개구리, 산개구리, 계곡산개구리, 중국산개구리 수컷 비교

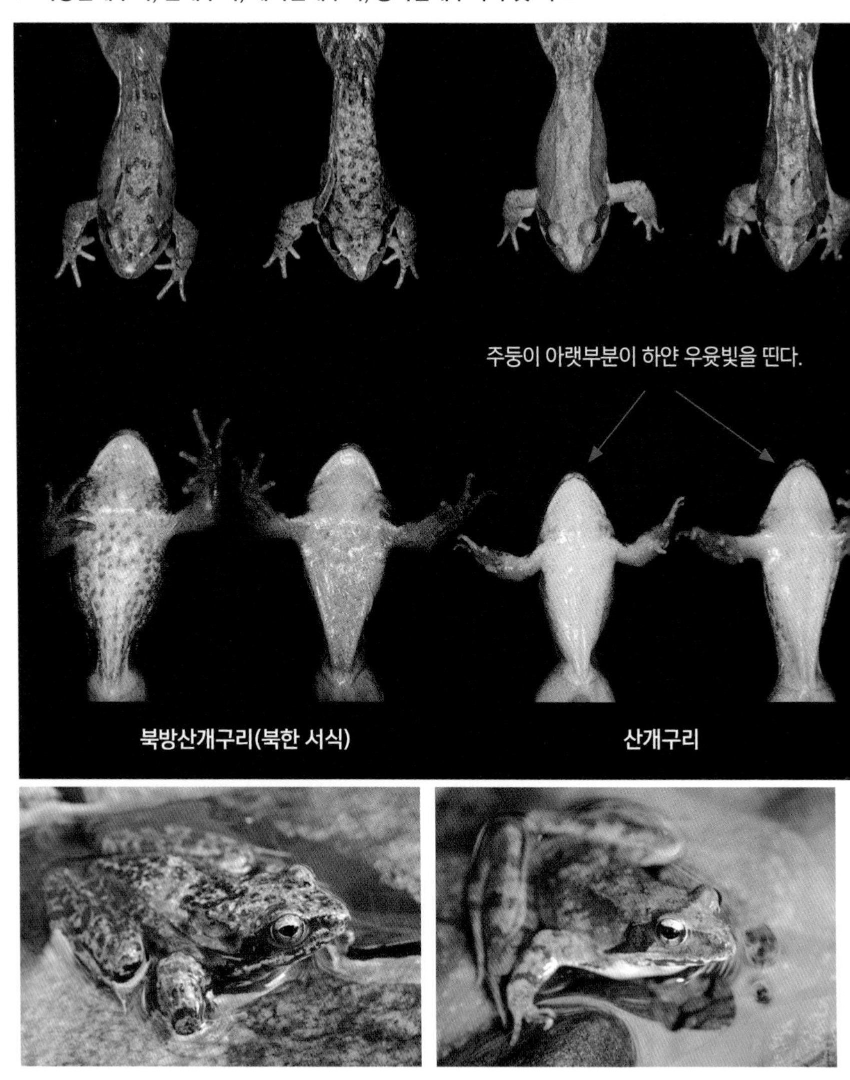

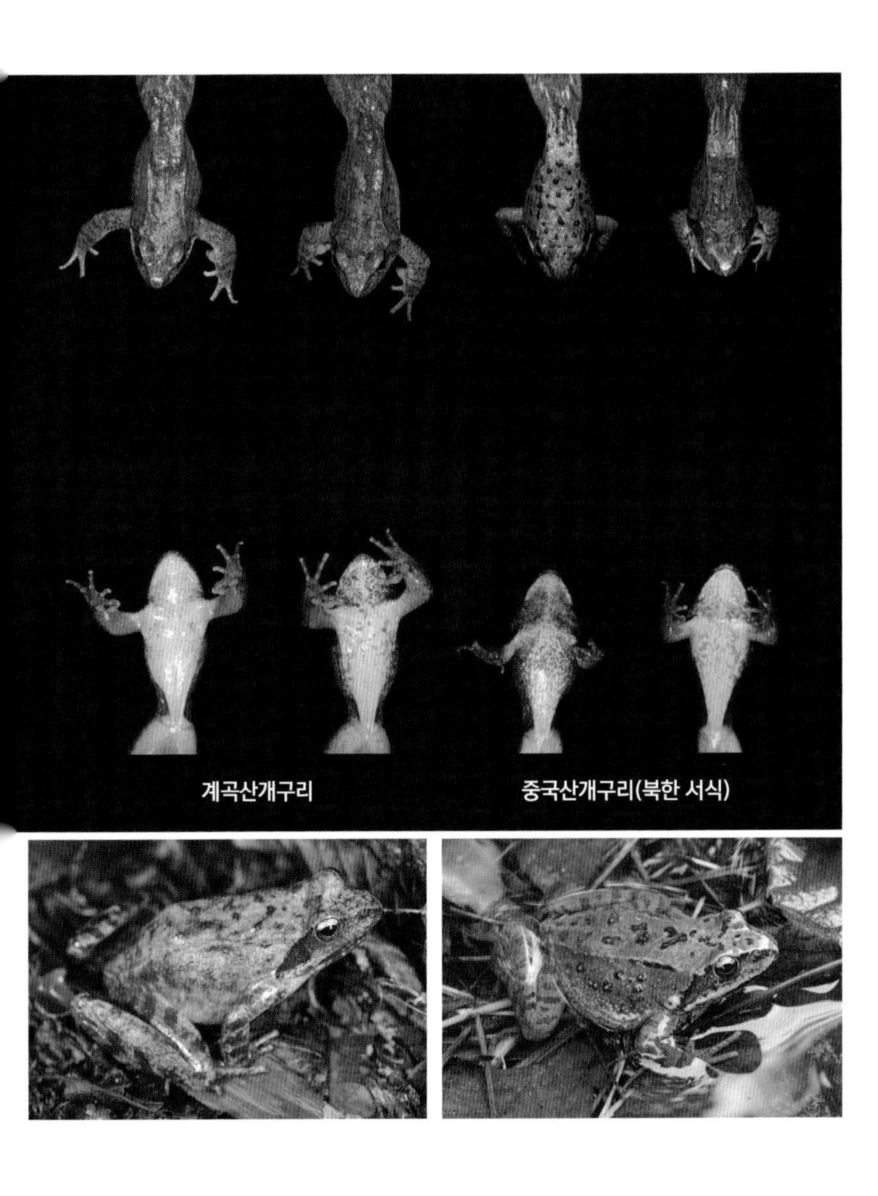
계곡산개구리
중국산개구리(북한 서식)

▶ 산개구리, 계곡산개구리 암수 비교

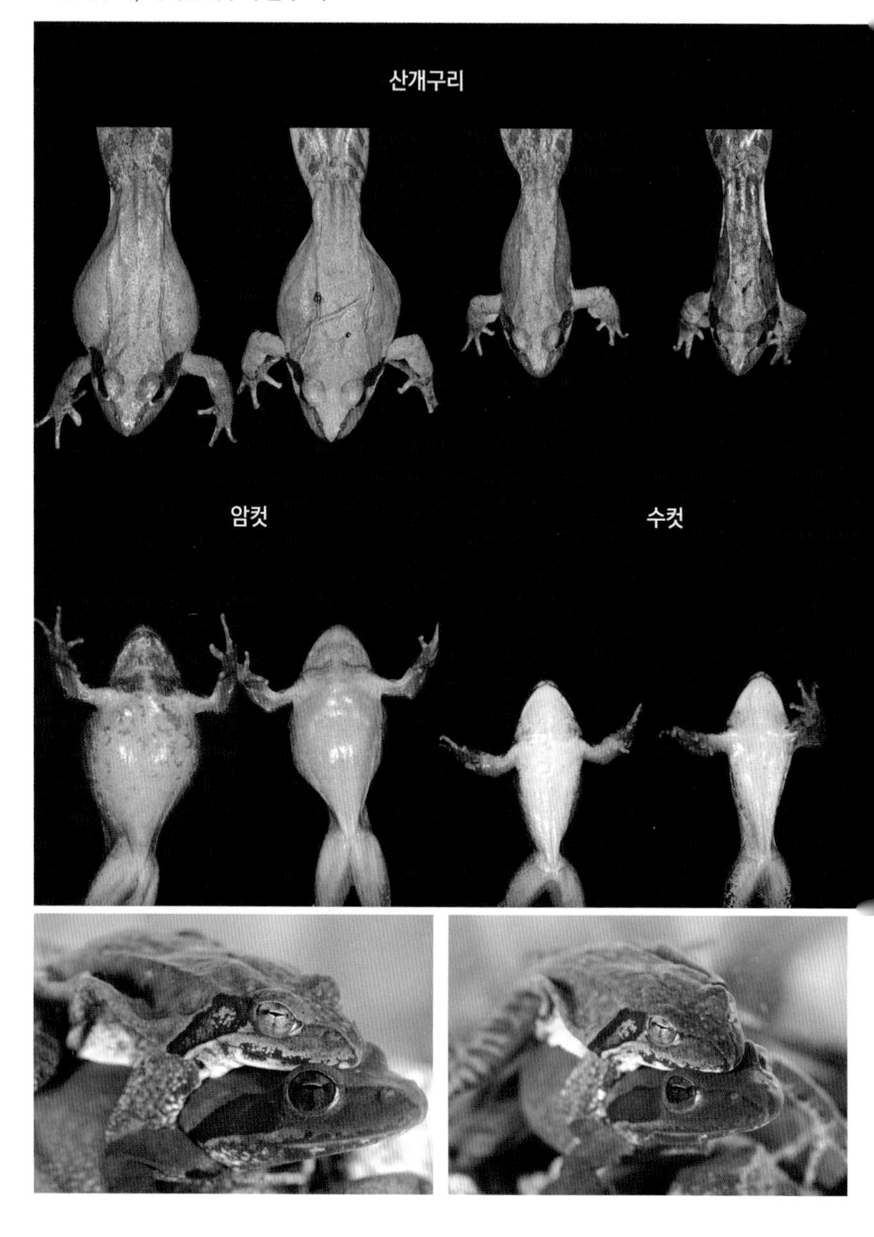

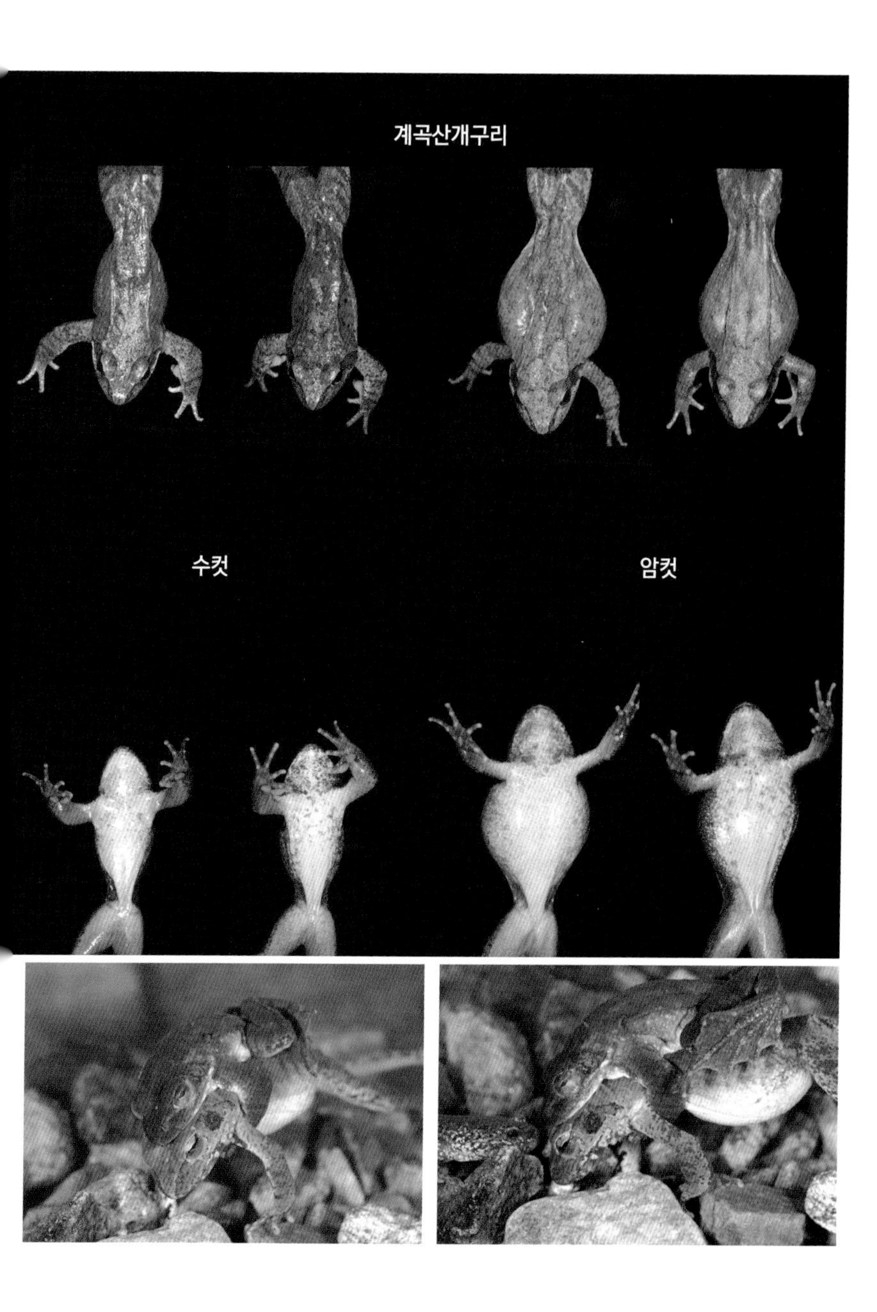
계곡산개구리
수컷
암컷

▶ 산개구리, 한국산개구리, 계곡산개구리 알 비교

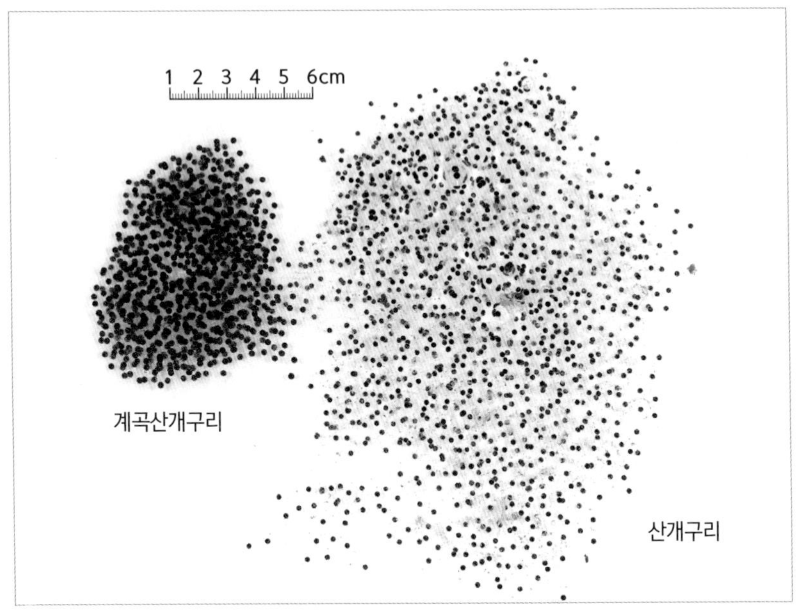

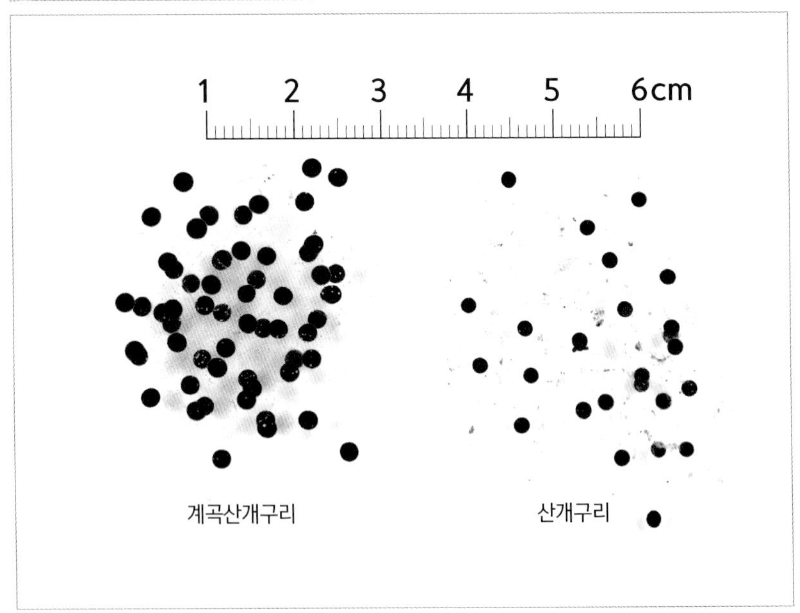

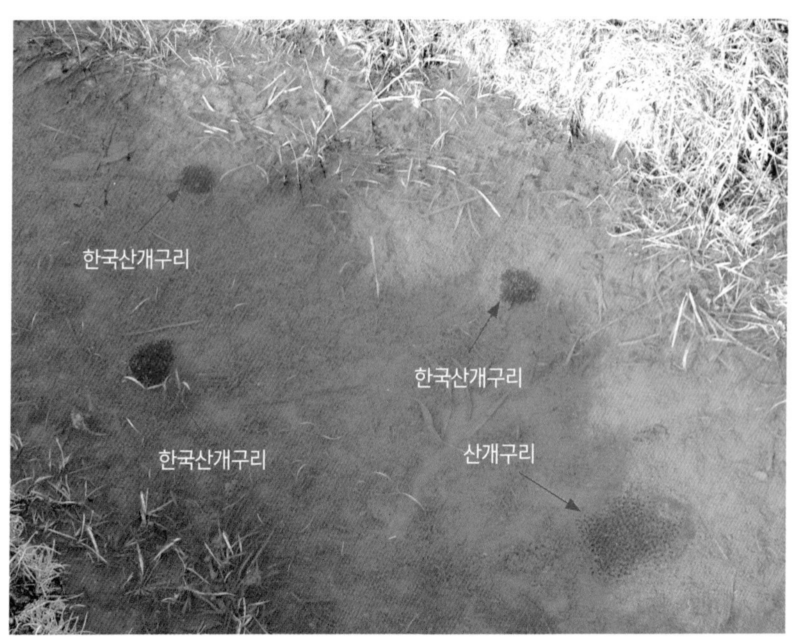
한국산개구리
한국산개구리
한국산개구리
산개구리

산개구리
한국산개구리

산개구리
한국산개구리
한국산개구리
산개구리
산개구리
한국산개구리
산개구리
한국산개구리
6
7
8
9
10
1

황소개구리 *Lithobates catesbeianus*

머리몸통길이: 110~185mm | 보이는 시기: 4~10월 | 겨울잠 시기: 11~3월 | 번식기: 5~8월
알 낳는 곳: 하천, 저수지 | 사는 환경: 낮은 지대 하천, 웅덩이, 저수지, 강 등 물풀이 많고 물 흐름이 느린 곳 주변과 농수로 | 사는 지역: 전국

황소처럼 울어서 황소개구리라고 한다. 1970년대에 식용으로 수입해 강원도에서 제주도까지 전 지역에서 방사했다. 지금도 남부 지방을 중심으로 폭넓게 퍼져 산다. 입이 커서 큰 개구리나 뱀, 새까지 잡아먹는다. 5~8월에 물풀이 많은 저수지 같은 곳에다 작은 알 6,000~40,000개를 한꺼번에 낳는다. 늦게 부화한 올챙이는 그대로 겨울을 보내고 이듬해에 탈바꿈을 끝낸다. 성체는 몸통을 잡고 축 늘어트렸을 때 머리에서 발가락 끝까지 길이가 어른 팔 길이만큼 자라기도 한다.

기온이 낮아지면
등 색깔이 진해지는 개체가 많다.

눈 뒤로 이어진 줄은
고막을 따라 몸 아래로
이어진다.
고막이 눈보다 크며,
소리에 예민하다.

등에 작은 돌기가 나 있다.

등에 얼룩덜룩한
무늬가 있는 개체

수컷은 번식지 주변에서 울며
암컷을 부른다.

웅덩이 바닥에서 겨울잠을 자는 개체
겨울철에 물이 모두 마르면
온몸이 밖으로 드러난다.

왜가리 공격을 받고
도망가는 개체

물속에서 황소개구리 올챙이를
잡은 성체

물에 떠 있는 개체

낮에도 왕성하게 운다.

번식기 암컷은 목 뒤쪽이
갈색이며 진한 점이 있다.

수컷은 물풀을 문대며
알 낳을 자리를 만든다.

알은 크기가 작고 까맣다.

부화 시기가 가까워지면
알 주변에 하얗게 거품이 생긴다.

▶ 성장 과정

물풀에 붙어 쉬는 올챙이들.
몸이 가늘고 길며 까맣다.

발생 초기에는
금빛 점이 두드러진다.

조금 더 자라면 바깥쪽 피부가
갈색으로 변해 검은 점이
두드러진다.

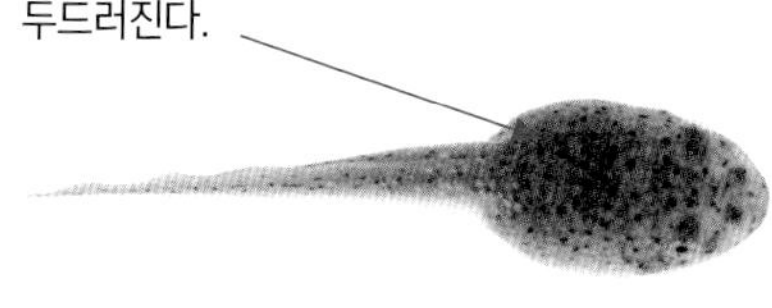

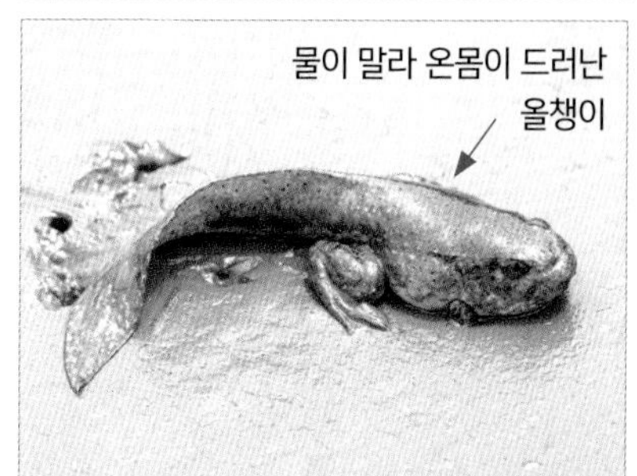
물이 말라 온몸이 드러난
올챙이

보통 왼쪽 앞다리가
먼저 나온다.

금개구리처럼
꼬리가 짧아질
무렵에도
물가에서
멀리 떨어지지
않는다.

▶ 암수 비교

▶ 황소개구리, 참개구리 윗면 비교

개구리 성장 기간과 산란 시기 살펴보기

* 충청도에서 관찰한 내용을 바탕으로 했다. 종마다 일찍 낳은 알주머니나 알덩이에서 가장 빠르게 성장한 개체를 중심으로 나타냈다.

▶ 성장 기간 *도롱뇽 포함

단위: 일

	알	올챙이	꼬리가 분해 (육지로 올라오는 시기)
도롱뇽	24	65	
산개구리	13	80	4
한국산개구리	16	66	6
계곡산개구리	15	63	5
두꺼비	8	59	3
참개구리	8	69	5
물두꺼비	6	44	4
무당개구리	8	35	6
청개구리	6	53	4
수원청개구리	4	37	4
옴개구리	5	48	3
황소개구리	3	97	6
금개구리	4	47	4
맹꽁이	2	20	3

1월 2월 3월 4월 5월 6월 7월 8월

▶ **산란 시기** *도롱뇽 포함

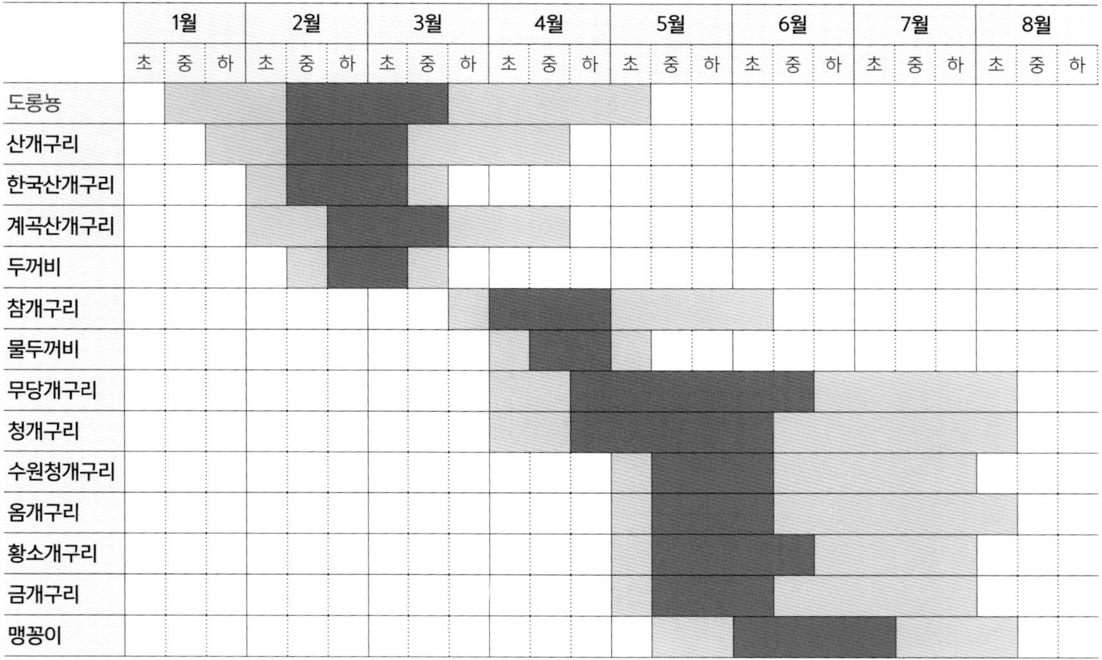

	1월			2월			3월			4월			5월			6월			7월			8월		
	초	중	하	초	중	하	초	중	하	초	중	하	초	중	하	초	중	하	초	중	하	초	중	하
도롱뇽																								
산개구리																								
한국산개구리																								
계곡산개구리																								
두꺼비																								
참개구리																								
물두꺼비																								
무당개구리																								
청개구리																								
수원청개구리																								
옴개구리																								
황소개구리																								
금개구리																								
맹꽁이																								

* 색이 진한 부분은 알을 가장 많이 낳는 시기다.

올챙이 순치 살펴보기

순치는 올챙이 입술 부분에 줄지어 나 있는 까칠까칠한 까만 돌기를 가리킨다. 먹이를 갉아 내어 먹기 쉽게 해 주는 기관이다. 맹꽁이는 순치가 없어 먹이를 갉아 먹지 않고 부드러운 것을 따 먹는다.

* 순치 표기에서 괄호를 치지 않은 숫자는 각각 앞에서부터 윗입술, 아랫입술 순치 줄 수를, 괄호 속 숫자는 순치 가운데가 끊어진 수를 뜻한다.
  옴개구리(2(1)/3[1])를 예로 들면 윗입술 순치가 2줄이며 이 가운데 1줄이 끊어졌고, 아랫입술 순치는 3줄이며 이 가운데 1줄이 끊어졌다는 뜻이다.

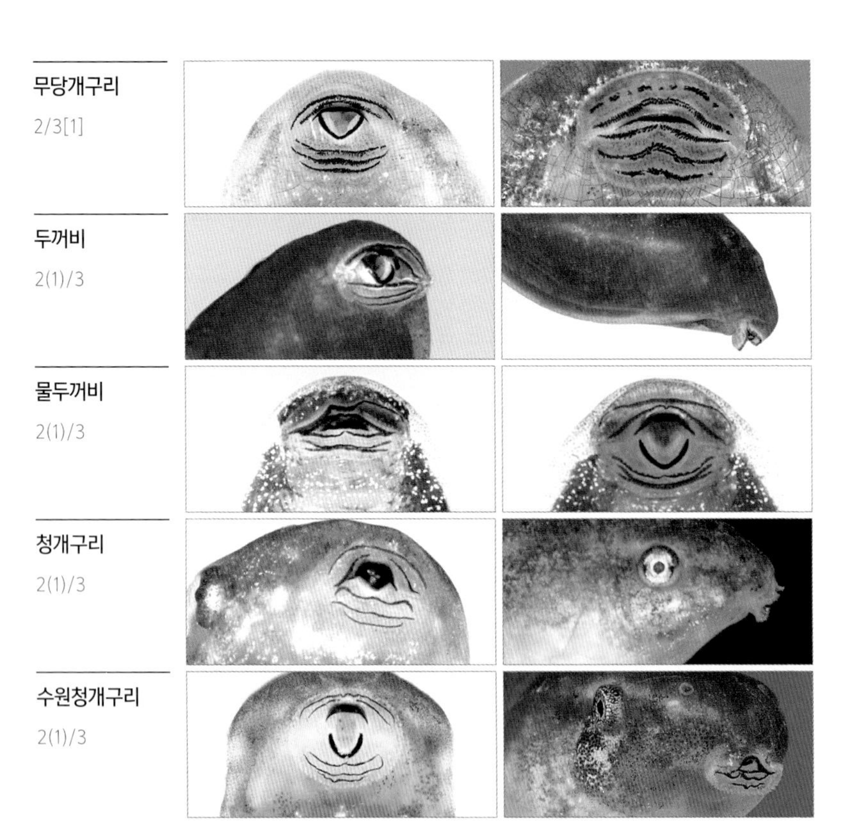

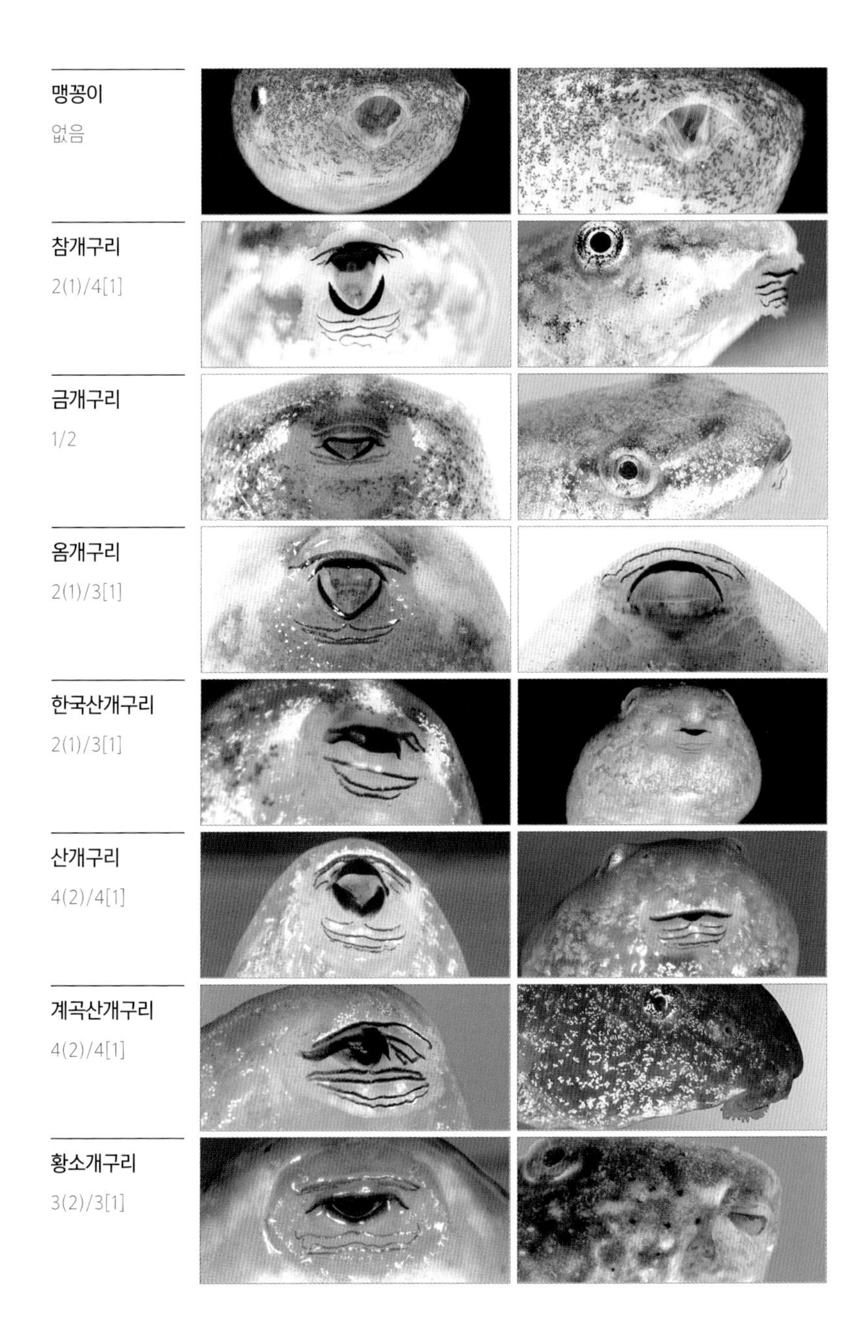
맹꽁이
없음
참개구리
2(1)/4[1]
금개구리
1/2
옴개구리
2(1)/3[1]
한국산개구리
2(1)/3[1]
산개구리
4(2)/4[1]
계곡산개구리
4(2)/4[1]
황소개구리
3(2)/3[1]

종별 특징
알아보기

파충류

자라 *Pelodiscus maackii*

전체길이: 25~40cm | 보이는 시기: 3~10월 | 겨울잠 시기: 10~3월 | 번식기: 5~8월
알 낳는 곳: 하천이나 저수지 주변 부드러운 땅이나 모래땅 | 사는 환경: 강, 하천, 저수지, 늪
사는 지역: 전국

등갑은 황록색이나 황갈색을 띠며 작은 돌기가 나 있고, 배갑은 연한 노란색을 띤다. 등갑은 거칠거칠한 피부로 덮여 있다. 머리를 몸속으로 숨길 수 있고, 목을 몸길이만큼 길게 뺄 수 있다. 강바닥에 몸은 파묻고 목만 길게 빼고 숨을 쉬기도 한다. 주로 낮에 활동하며 돌에서 햇볕을 쬐기도 한다. 조개나 새우, 물고기, 개구리 등을 즐겨 먹는다. 모래땅을 파고서 알을 5~40개 낳는다. 사육하는 개체는 15년까지 산 기록이 있다.

갓 부화한 개체 배는
붉은색을 띤다.

뒷다리로 둥글게
알 낳을 자리를 판다.
강 옆에 깔린 왕겨층에
알을 낳는 암컷

알은 동그랗다.

등갑 가운데가
약간 솟았다.

위협을 느끼면
머리와 다리를 집어넣는다.

등갑이 노란빛인 개체

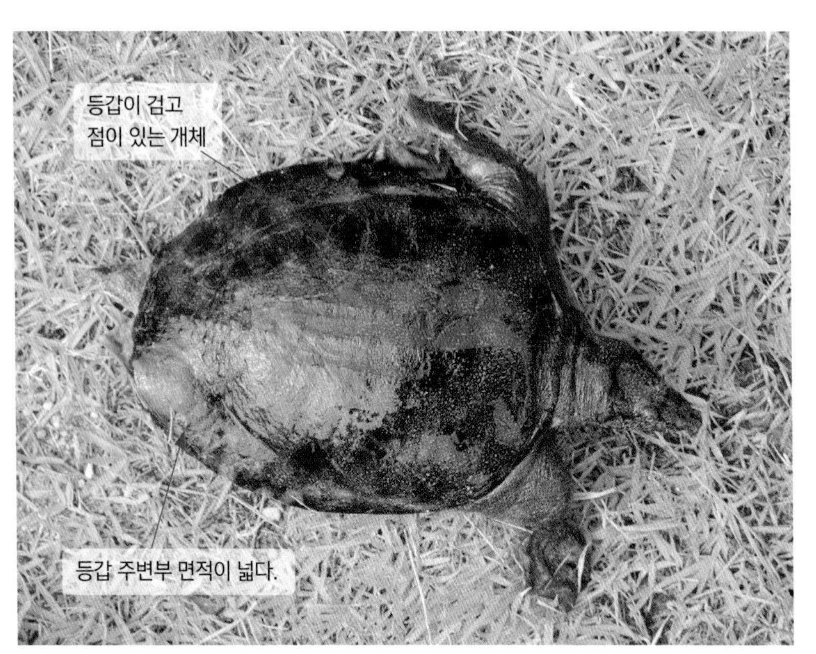
등갑이 검고
점이 있는 개체
등갑 주변부 면적이 넓다.

모든 발에 물갈퀴가
발달했다.

이빨

등갑에 좁쌀 같은
돌기가 나 있다.

강바닥을 파고
숨는다.

중국자라 *Pelodiscus sinensis*

전체길이: 25~40cm | 보이는 시기: 3~10월 | 겨울잠 시기: 10~3월 | 번식기: 5~8월
알 낳는 곳: 하천이나 저수지 주변 부드러운 땅이나 모래땅 | 사는 환경: 강, 하천, 저수지, 늪
사는 지역: 전국

중국 남부와 동남아시아에서 들여와 방생했고 지금은 전국에 퍼져 산다. 양식 자라 가운데서도 많은 비중을 차지한다. 자라와 거의 비슷하게 생겼지만 등뼈 주변 부드러운 부분이 일정하게 좁으며, 배갑이 흰색이다. 뒷발로 부드러운 땅을 판 다음 동그란 알을 낳고 흙을 다시 덮는다.

헤엄치는 모습

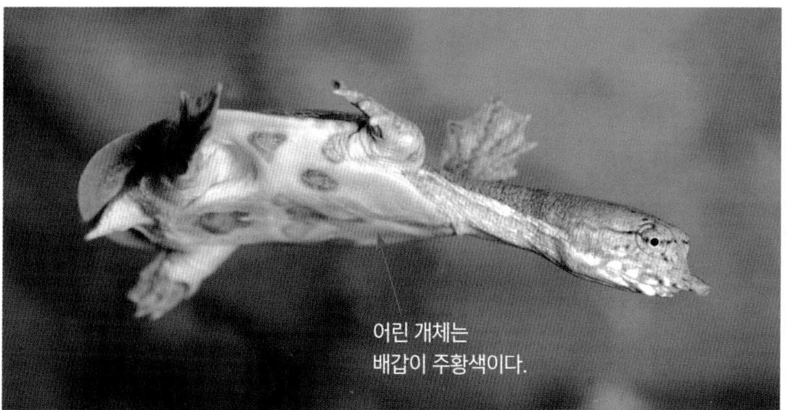
어린 개체는
배갑이 주황색이다.

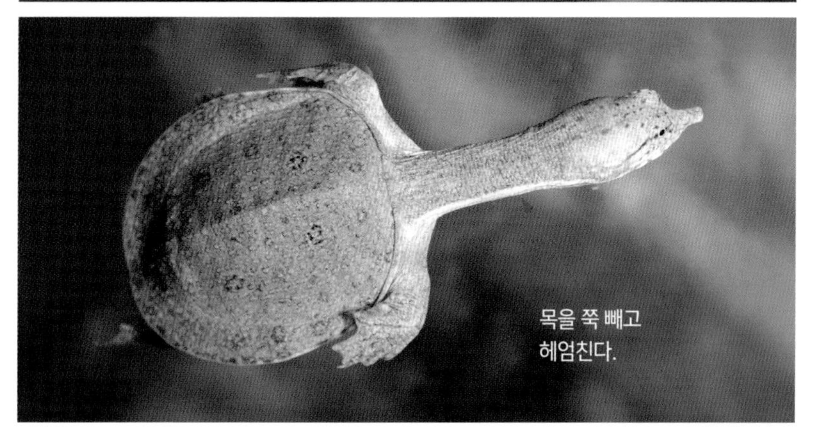
목을 쭉 빼고
헤엄친다.

▶ 자라와 중국자라 비교

남생이 *Mauremys reevesii*

전체길이: 15~30cm | 보이는 시기: 3~10월 | 겨울잠 시기: 10~3월 | 번식기: 6~7월
알 낳는 곳: 하천이나 저수지 주변 땅속 | 사는 환경: 강, 하천, 저수지, 늪 | 사는 지역: 전국

다른 거북류보다 머리가 크며, 초록색인 머리에서 목까지 노란색 줄이 있다. 암컷은 자랄수록 머리가 커지며, 암수 모두 자랄수록 온몸이 검게 변하는(흑화) 개체가 있다. 위험이 닥치면 겨드랑이에서 독특한 냄새를 풍긴다. 조개, 새우, 민물 게나 죽은 물고기, 물풀을 즐겨 먹으며, 지렁이나 과일도 먹는다. 6~7월에 축축한 땅을 뒷발로 파서 구멍을 내고 알을 2~13개 낳는다. 사육한 개체는 35년까지 산 기록이 있다. 우리나라와 중국, 일본에 산다.

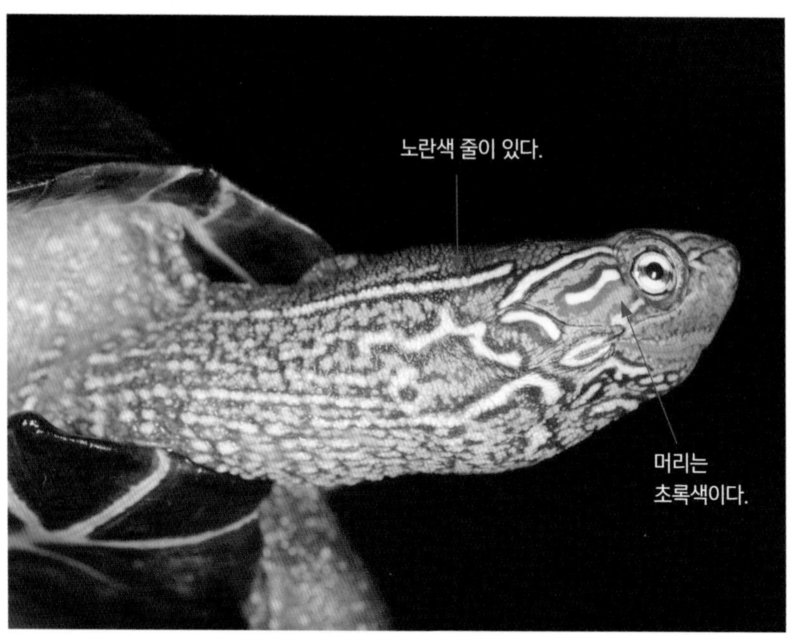
노란색 줄이 있다.
머리는
초록색이다.

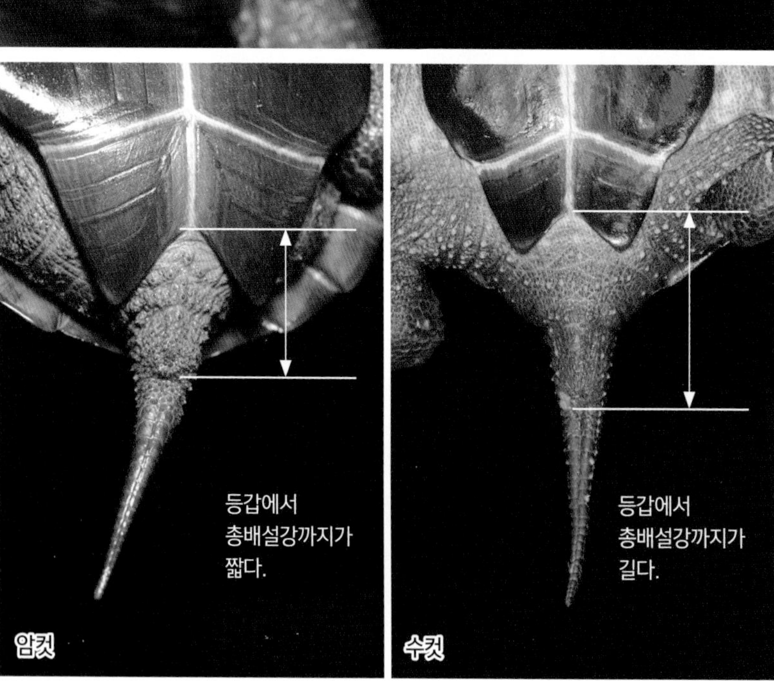
등갑에서
총배설강까지가
짧다.
암컷
등갑에서
총배설강까지가
길다.
수컷

등갑 가운데와 좌우가 솟았다.

등갑 가운데 솟은 부분이
톱니 모양인 개체도 있다.

검게 된(흑화) 수컷
짝짓기를 시도할 때
암컷이 등갑 앞쪽을
물어뜯었다.

검게 된 수컷

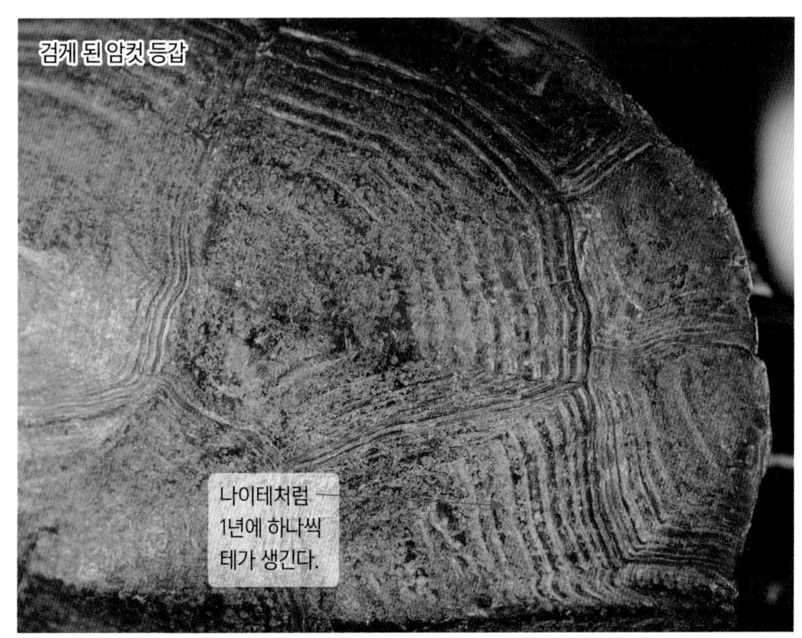
검게 된 암컷 등갑
나이테처럼
1년에 하나씩
테가 생긴다.

등갑이 기형인
개체

위협을 느끼면 머리와 다리를
등갑 속으로 집어넣고
꼬리는 등갑 가장자리로
구부려 넣는다.

육지에서 이동할 때는
자라나 붉은귀거북보다
느리다.

머리를 들어 시각과 후각으로
주변을 살핀다.

머리가 큰 개체

일광욕을 좋아한다.

겨울잠에서 깨어난 개체

붉은귀거북 *Trachemys scripta*

전체길이: 20~30cm | 보이는 시기: 3~10월 | 겨울잠 시기: 10~3월 | 번식기: 5~7월
알 낳는 곳: 하천이나 저수지 주변 땅속 | 사는 환경: 강, 하천, 저수지, 늪 | 사는 지역: 전국

처음에는 눈 뒤쪽에 붉은색 무늬가 있는 종을 외국에서 들여왔으나 이 종이 생태계 교란종으로 지정되어 수입이 금지되면서부터는 붉은색 무늬가 없는 노란배거북(아종)을 수입했다. 그래서 지금은 2종이 모두 보인다. 등갑은 초록색이며 노란색 무늬가 있다. 수컷은 번식기에 앞발톱이 길게 자란다. 대개 번식기를 제외하고는 물속에서 지내며, 어릴 때는 육식성이지만 자라면서부터는 수생식물을 먹는 초식성으로 변한다.

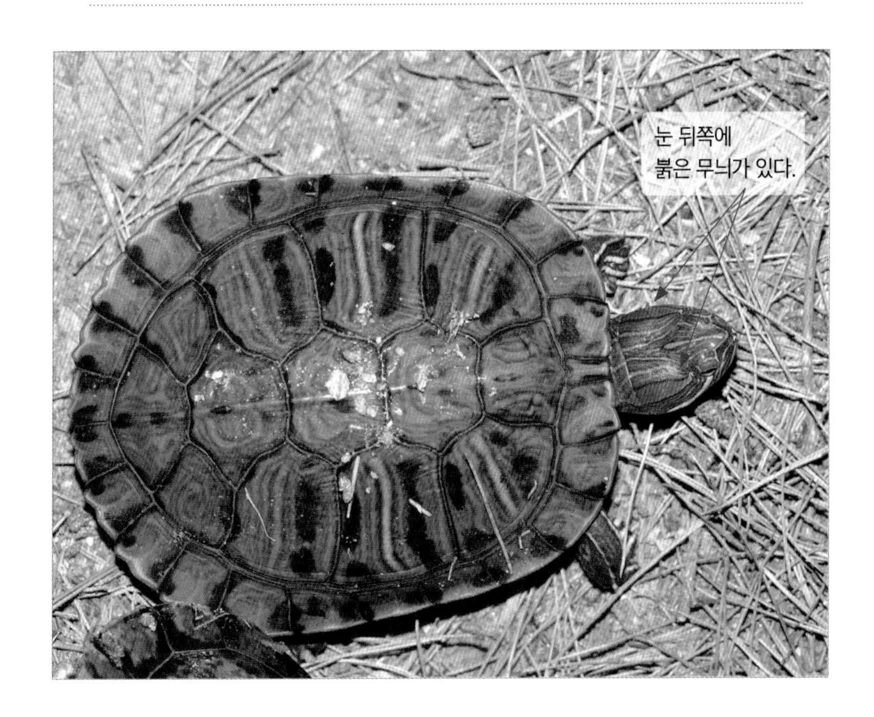

등갑에는 대개
1자 무늬가 있다.

한낮에는 달궈진 바위에 올라
일광욕을 한다.
배갑 부분에
무늬가 있다.

일광욕하는 수컷
꼬리가 굵고 길다.

갓 부화한 개체.
엄지손가락 한 마디 정도
크기다.
새끼도 눈 뒤쪽에
붉은 무늬가 있다.

성체에게 공격을 받아
등갑이 깨진 새끼

새끼도 헤엄을 잘 친다.

노란배거북(아종)
눈 뒤쪽에
붉은 무늬가 없다.

붉은귀거북과 다른 종의 잡종

플로리다붉은배쿠터

Pseudemys nelsoni

전체길이: 25~30cm | 보이는 시기: 3~11월 | 겨울잠 시기: 10~3월 | 번식기: 5~7월
알 낳는 곳: 하천이나 저수지 주변 땅속 | 사는 환경: 강, 하천, 저수지, 늪 | 사는 지역: 전국

붉은색을 띠는 배갑과 위턱에 이빨처럼 생긴 뾰족한 부분이 있어 다른 쿠터와 구별된다. 주로 물풀을 먹는 초식성이며 번식기 이외에는 거의 물속에서 지낸다. 활발하게 움직이다가 통나무나 바위에 올라 일광욕한다.

땅을 기어가는 모습

새끼를 애완용으로
많이 들여왔다.

남생이와 함께
일광욕하는 모습
남생이

강쿠터 *Pseudemys concinna*

전체길이: 30~42cm | 보이는 시기: 3~11월 | 겨울잠 시기: 10~3월 | 번식기: 5~7월
알 낳는 곳: 하천이나 저수지 주변 땅속 | 사는 환경: 강, 하천, 저수지, 늪 | 사는 지역: 전국

통나무나 바위에서 일광욕하다가 놀라면 재빨리 물속으로 뛰어든다. 물과 뭍을 빠르게 오간다. 대개 물속에서 지내며 겨울잠도 물속에서 잔다. 물에서 산소를 이용하는 능력이 뛰어나다. 주로 수생식물을 먹지만 벌레나 지렁이, 물고기도 먹는 잡식성이다. 위턱에 발가락 모양 송곳니가 있어 식물을 먹기에 알맞다.

알을 낳으려고 습지 주변 땅으로 올라온다.

다른 쿠터에 비해
머리에 있는 줄이 가늘다.

우리나라에서 부화한
개체도 있다.

반도쿠터 *Pseudemys peninsularis*

전체길이: 30~42cm | 보이는 시기: 3~11월 | 겨울잠 시기: 10~3월 | 번식기: 5~7월
알 낳는 곳: 하천이나 저수지 주변 땅속 | 사는 환경: 강, 하천, 저수지, 늪 | 사는 지역: 전국

강쿠터에 비해 머리에 있는 줄이 굵고, 자라면서 몸이 더 높아진다. 주로 수생식물을 먹는 초식성이다.

도마뱀부치 *Gekko japonicus*

전체길이: 10~14cm | 보이는 시기: 4~10월 | 겨울잠 시기: 10~3월 | 번식기: 5~8월
알 낳는 곳: 바위나 벽 틈 | 사는 환경: 인가 주변, 돌담 | 사는 지역: 부산, 목포, 마산

몸은 납작하며 비늘로 덮여 있다. 몸 색깔을 옅은 회색과 진한 암갈색으로 바꿀 수 있다. 발가락을 포함한 발바닥 전체에 가늘고 곧은 비늘이 여러 줄 있어 수직인 벽을 타고 오르거나 붙어 있을 수 있다. 바위가 많은 산이나 건물 벽에 붙어 다니며, 가로등이 있는 건물 틈에서 곤충이나 거미를 잡아먹는다. 짝짓기할 때 수컷이 암컷 목을 물고 암컷은 "끽끽"하는 단음을 되풀이해서 낸다. 5~8월에 바위나 벽 틈에 흰색 알을 1~2개 낳는다. 우리나라와 일본에만 산다.

* 일본에 사는 개체와 유전자가 같아서 일본에서 들어왔을 가능성이 있다.

홍채가 좌우로 움직인다.
피부는 비늘로 덮여 있다.
이빨이 작다.

발바닥에 가늘고
곧은 비늘이 여러 줄 있어
물체에 붙을 수 있다.
뒷발가락 5개
앞발가락 5개

몸 색깔을 밝거나 어둡게
바꿀 수 있다.

바위에 붙은 모습

몸에 진한 무늬가
나타나기도 한다.

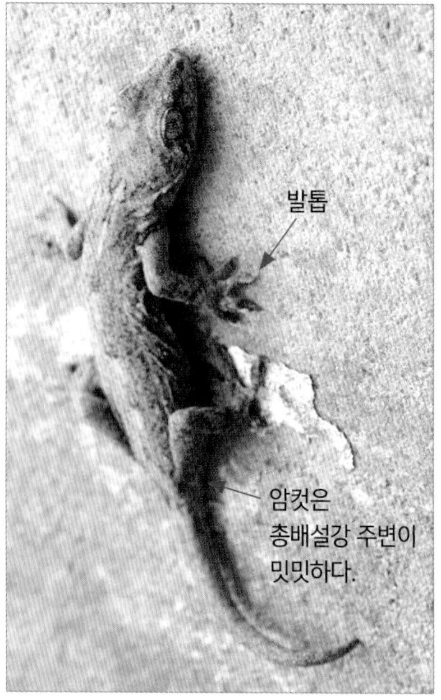
발톱
암컷은
총배설강 주변이
밋밋하다.

집도마뱀부치보다
머리가 뭉툭하다.
수컷은
총배설강 주변이
도드라진다.

집도마뱀부치(가칭)

Hemidactylus frenatus

전체길이: 7.5~15cm | 사는 환경: 인가 주변, 돌담 | 관찰된 지역: 부산

동남아시아가 원산지이며 전 세계 항구 주변에서 보인다. 우리나라에서는 1885년과 2008년에 관찰 기록이 있다. 동남아시아에서 건너오는 나무나 물건에 붙어 들어온 개체로 보인다. 아직 우리나라에서 번식했다는 기록은 없다.

길쭉한 줄이
여러 개 있다.

물을 핥아 마신다.

꼬리에 뾰족뾰족한
돌기가 있다.
시멘트 벽에
붙어 있다.

▶ 도마뱀부치와 집도마뱀부치 비교

도마뱀 *Scincella vandenburghi*

전체길이: 9~13cm | 보이는 시기: 4~10월 | 겨울잠 시기: 10~3월 | 번식기: 6~7월
알 낳는 곳: 썩은 나무나 낙엽층 | 사는 환경: 산, 풀밭, 묵정밭, 산골짜기 시냇가 주변 | 사는 지역: 전국

등은 어두운 갈색이며 몸 옆에 불규칙한 흑갈색 줄이 있다. 배는 노란빛이 도는 흰색이다. 습기가 많은 낙엽과 돌 틈에 살며, 특히 서해안 섬에서 많이 보인다. 곤충, 지렁이, 노래기 등을 먹는다. 6~7월에 습기가 많은 썩은 나무속에 알을 2~9개 낳는다. 우리나라와 일본 쓰시마에 산다.

피부는 아주 작고 윤기 나는
비늘로 덮여 있다.
앞발가락이 5개다.

몸 색깔은 낙엽 색깔과
비슷하다.

옆면과 윗면 경계에
짙은 무늬가 있다.
고막

낙엽층은 알이 깨기 좋은
온도와 습도를 유지해 준다.
낙엽층에 타원형 알을
낳는다.

지렁이나 작은 곤충을
먹는다.

햇볕이 잘 드는
돌, 낙엽, 나뭇가지, 풀에서
일광욕한다.

기온이 너무 높거나 낮으면
돌 밑에서 쉰다.

일광욕할 때는
눈을 천천히 감았다 떴다 한다.

북도마뱀 *Scincella huanrenensis*

전체길이: 9~14cm | 보이는 시기: 4~10월 | 겨울잠 시기: 10~3월 | 번식기: 7~8월
새끼 낳는 곳: 썩은 나무나 낙엽층 | 사는 환경: 산, 풀밭, 묵정밭, 산골짜기 시냇가 주변
사는 지역: 강원도, 경기도 북부

도마뱀과 많이 닮아서 구별하기 어렵다. 등은 어두운 갈색이며 빛을 받으면 청동빛이 나고, 몸 옆에 있는 흑갈색 줄이 도마뱀보다 뚜렷하고 진하다. 높은 산속에 있는 계곡 주변 돌 틈이나 야영장 근처에서 보이며 곤충이나 거미를 주로 먹는다. 도마뱀과 달리 알을 낳지 않고 뱃속에서 새끼를 키운 다음 8월 무렵에 3~6마리를 낳는다.

잘렸다가 다시 자란 꼬리.
딱딱하고 길이도 짧아서
잘리기 전 꼬리 역할을 다하지 못한다.

새끼를 밴 암컷

옆면 무늬가 뚜렷하다.

갓 태어난 개체는
몸 색깔이 어둡고
꼬리도 검다.

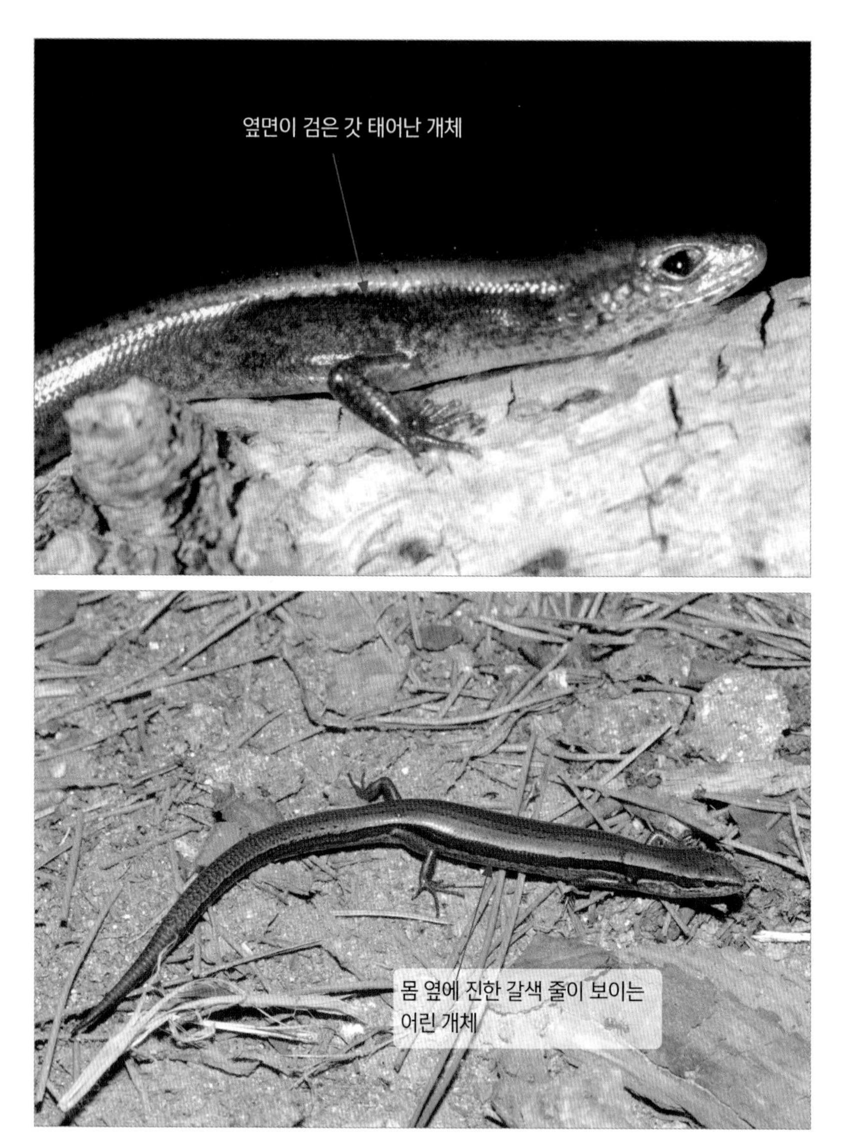
옆면이 검은 갓 태어난 개체
몸 옆에 진한 갈색 줄이 보이는
어린 개체

▶ 도마뱀과 북도마뱀 비교

도마뱀	북도마뱀
웟면과 옆면 경계선이 들쭉날쭉하다.	웟면과 옆면 경계선이 고르다.
 알을 낳는다.	 새끼를 낳는다.

아무르장지뱀 *Takydromus amurensis*

전체길이: 22~26cm | 보이는 시기: 4~10월 | 겨울잠 시기: 11~3월 | 번식기: 6~7월
알 낳는 곳: 덤불 속 | 사는 환경: 산림, 숲 | 사는 지역: 제주도를 제외한 전국

등은 갈색이고, 배는 노란빛이 도는 흰색이다. 몸을 덮은 비늘이 꺼칠꺼칠하다. 긴 꼬리는 쉽게 끊어진다. 포식자가 끊어져 꿈틀거리는 꼬리에 한눈을 파는 사이 도망갈 시간을 번다. 산속 낙엽층이나 계곡 주변 바위를 빠르게 달리며, 나무를 타고 오르기도 한다. 곤충이나 거미, 지렁이를 먹으며 돌에서 일광욕을 한다. 알은 1년에 서너 번씩, 한 번에 2~6개를 낳는다.

꼬리는 포식자가 살짝만 잡아도
잘 끊어진다.
고막

옆면과 윗면 경계선이
들쭉날쭉하지 않은 개체도 있지만
줄장지뱀처럼 일직선은 아니다.

몸에 붙은 일본참진드기

흰 줄이 없는 강원도 개체.
충청도나 남부 개체와는
약간 형질이 다르다.

줄장지뱀에 비해
다양한 무늬가 나타난다.

등에 무늬가 있는 개체

어린 개체 몸에는
둥근 무늬가 나타나기도 한다.

일광욕하는 어린 개체

줄장지뱀 *Takydromus wolteri*

몸길이: 16~24cm | 보이는 시기: 4~10월 | 겨울잠 시기: 10~3월 | 번식기: 6~8월
알 낳는 곳: 덤불 속이나 흙바닥 또는 돌무덤 속 | 사는 환경: 계곡, 강가 풀숲, 밭, 담벼락 | 사는 지역: 전국

몸 옆면에 흰색 줄이 길게 나 있어 줄장지뱀이라고 한다. 줄장지뱀도 꼬리가 쉽게 끊어지므로 관찰할 때는 몸통을 살짝 잡아야 한다. 곤충, 거미, 지렁이 같은 작은 동물을 먹으며 강변 돌에서 일광욕을 한다. 4월에 겨울잠에서 깨어나 활동하며 6~8월에 풀숲 땅속에 긴 알을 3~5개 낳는다. 제주도 개체는 뭍에 사는 개체보다 노란빛과 초록빛이 많이 돈다.

윗면과 옆면 경계선이
아무르장지뱀에 비해 곧다.

노란색을 많이 띤 개체

제주도 개체는
노란색과 초록색을
많이 띤다.

갓 태어난 개체는
대체로 어두운 색을 띤다.

▶ **아무르장지뱀과 줄장지뱀 비교**

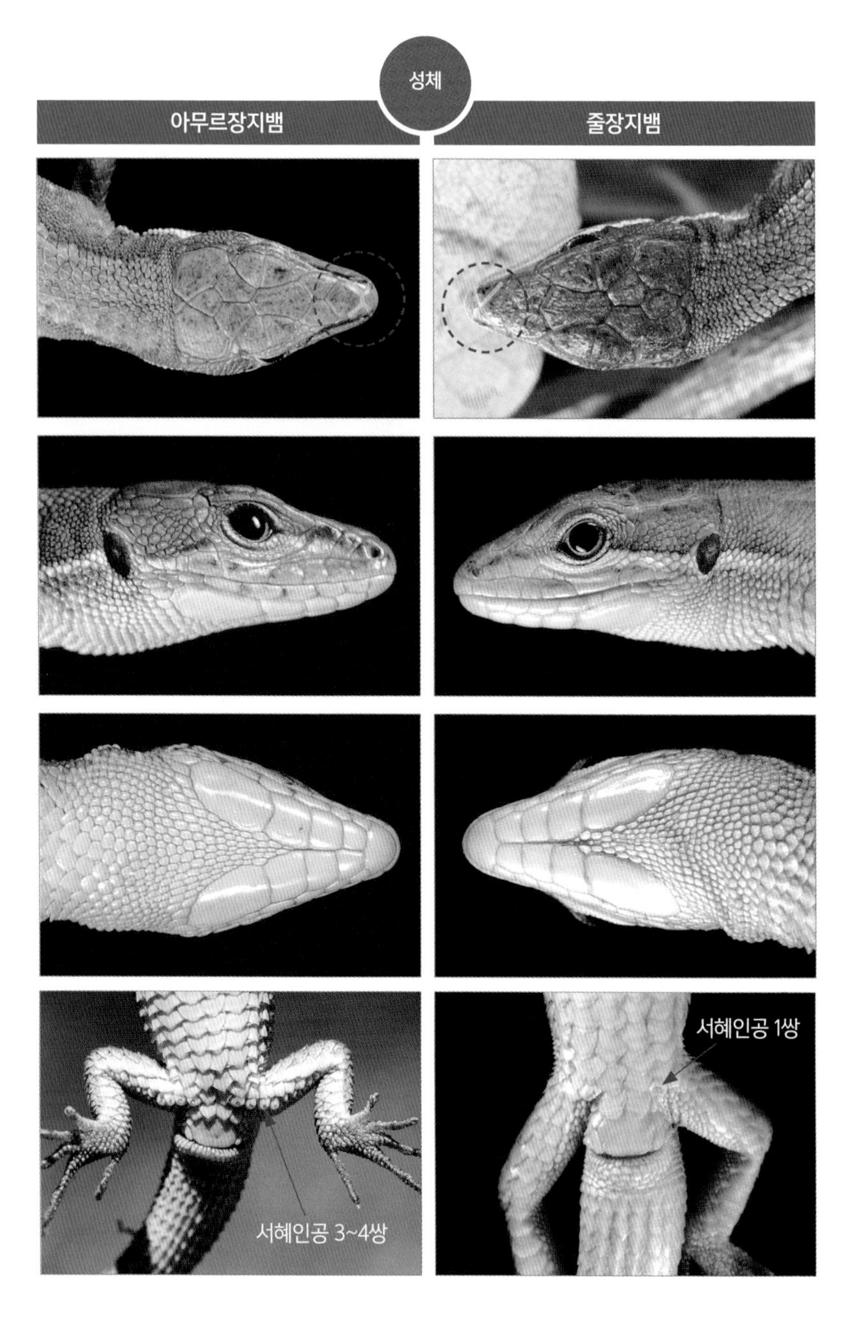
성체
아무르장지뱀
줄장지뱀
서혜인공 3~4쌍
서혜인공 1쌍

표범장지뱀 *Eremias argus*

몸길이: 12~16cm | 보이는 시기: 4~10월 | 겨울잠 시기: 10~3월 | 번식기: 7~8월
알 낳는 곳: 모래 속 | 사는 환경: 바닷가, 강가처럼 모래가 많은 곳
사는 지역: 서남해안 바닷가, 한강, 금강, 낙동강 주변

몸 바탕은 갈색이고 가운데가 희며, 표범처럼 온몸에 동그란 점이 있어 표범장지뱀이라고 한다. 다른 장지뱀에 비해 꼬리가 짧고, 위험이 닥치면 모래땅을 쏜살같이 달려 풀숲으로 숨는다. 7~8월에 모래땅을 파고 들어가 그 안에서 알을 4~5개 낳은 다음에 모래를 덮는다. 곤충이나 거미를 먹으며, 우리나라와 중국, 몽골에 산다.

진한 갈색 점

다른 장지뱀에 비해
꼬리가 짧다.

모래땅에서 일광욕하는 모습

구렁이 *Elaphe schrenckii* *Elaphe anomala*

전체길이: 110~200cm | 보이는 시기: 4~10월 | 겨울잠 시기: 11~3월 | 번식기: 5~8월
알 낳는 곳: 양지바른 곳 돌 밑이나 볏짚 아래 | 사는 환경: 산림
사는 지역: 제주도, 울릉도를 제외한 전국

우리나라에서 가장 큰 뱀이다. 등은 검은색에서 황갈색까지 다양하며, 검은색을 띠는 개체를 먹구렁이, 황갈색을 띠는 개체를 황구렁이라고도 한다. 몸에 무늬가 없는 개체부터 띠가 이어지는 개체까지 생김새가 다양하다. 낮에 주로 활동하며 쥐 같은 설치류, 새, 새알 등을 먹는다. 옛날에는 집에 쥐가 많아 집 근처에도 구렁이가 많았지만 사람들이 무분별하게 잡으면서부터는 사람이 적은 섬이나 깊은 숲에서만 보인다. 체온이 올라야 먹이를 소화할 수 있으므로 먹이를 먹고 나면 일광욕을 한다. 간혹 삼킨 먹이가 불편하거나 추운 날씨가 이어지면 먹이를 토하기도 한다.

* 다른 나라에서는 우리나라와 달리 생식기 차이 등을 들어 먹구렁이와 황구렁이를 다른 종으로 기록하고 있다.

▶ **먹구렁이**

입 주변에 난 무늬가
특징이다.

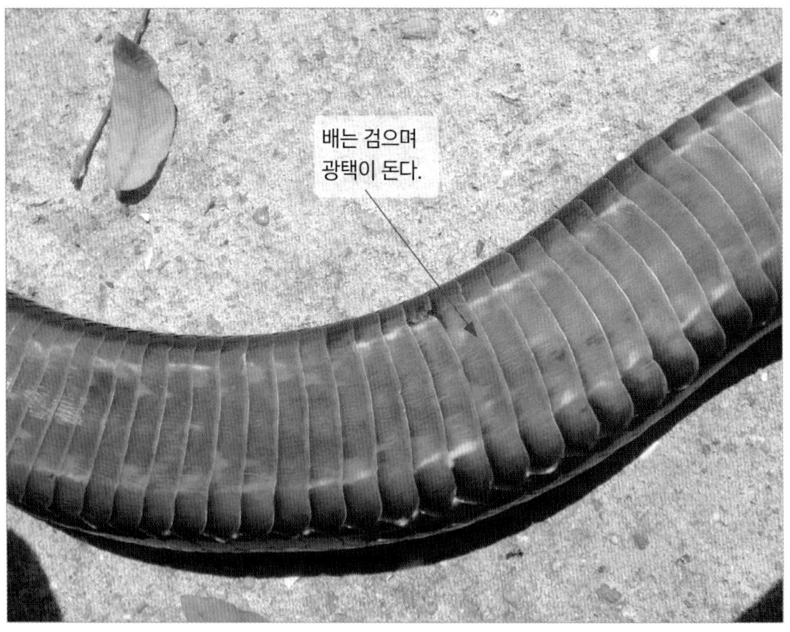
배는 검으며
광택이 돈다.

띠가 있는 굴업도 개체

온몸이 검은
굴업도 개체

황구렁이와 먹구렁이 사이에서
태어난 개체가 쥐를 잡아먹는 모습.

어린 개체
다양한 무늬가 나타난다.

▶ 황구렁이

어린 개체
쥐를 먹어 몸이 부풀었다.

어린 개체
몸을 따라 뻗은 줄이 있다.

하품하는 모습.
서구개치열이 보인다.

머리가 둘인 개체

띠가 없으며
노란빛을 띤다.

허물 벗기 직전에는 눈이 불투명해져
앞이 잘 보이지 않는다.
그래서 다른 시기보다 더 예민하고
공격적이다.

알을 찢고 나온 새끼
알 껍질 질감은 가죽 같다.

누룩뱀 *Elaphe dione*

전체길이: 80~130cm | 보이는 시기: 4~10월 | 겨울잠 시기: 11~3월 | 번식기: 5~7월
알 낳는 곳: 햇볕이 잘 드는 곳 돌 밑이나 볏짚 아래 | 사는 환경: 강변이나 밭, 산림이나 초원
사는 지역: 전국

몸 색깔이 누룩과 비슷해서 누룩뱀이라고 한다. 무덤가 구멍이나 논둑에서 많이 보여 땅뱀이라고도 한다. 지역에 따라 크기와 무늬가 다양하며, 서해안에 사는 개체는 붉은색을 많이 띤다. 어미는 알을 낳은 다음 알을 몸으로 감싼다.

몸을 따라 진한 갈색 무늬가
보이기도 하며, 이 무늬는 허물을
벗을 때가 되면 더욱 진해진다.
나무를 타거나
먹이를 질식시켜야 하므로
감는 힘이 세다.

수직으로 뻗은
줄기를 감아 오르고,
가지 윗면에 올라서는
꼬리를 감아 기며
다른 가지로 옮겨 간다.

장다리물떼새 알을
먹는다.

생쥐를 잡은 어린 개체.
먹이를 감아 질식시킨 다음
삼킨다.

쥐를 잡아먹는 모습.
먹이가 클 때는 위턱과 아래턱이 빠지며,
먹이를 먹은 뒤에 다시 뼈를 맞춘다.

붉은 무늬가 있는 개체

작고 길쭉한 무늬가 있는
남원 개체

제주도 개체
점무늬가 크다.

색소를 만들지 못해
흰색을 띠는 알비노 개체

무자치 *Oocatochus rufodorsatus*

전체길이: 60~100cm | 보이는 시기: 4~10월 | 겨울잠 시기: 10~4월 | 번식기: 8~9월
새끼 낳는 곳: 논이나 습지 주변 | 사는 환경: 저수지, 습지나 논밭 | 사는 지역: 전국

논이나 웅덩이 주변에서 지내며 수면 가까이에서 헤엄치는 장면을 많이 볼 수 있어 물뱀이라고도 한다. 몸 색깔은 적갈색이나 황갈색을 띠며, 작은 검은색 무늬가 몸을 따라 있다. 머리에는 검은 V자 무늬가 있다. 배에는 노란색과 검은색 무늬가 있다. 주로 물고기나 개구리를 먹는다. 겨울잠에서 깨어난 봄에 여러 마리가 무리를 이루어 짝짓기하며, 8~9월에 살모사처럼 새끼를 8~12마리 낳는다. 성격이 사나워서 가까이 가면 공격한다.

검은색 무늬는
마치 몸을 따라
긴 줄이 있는 듯하다.
허물 벗을 때가 되면
이 부분은
더 진해진다.

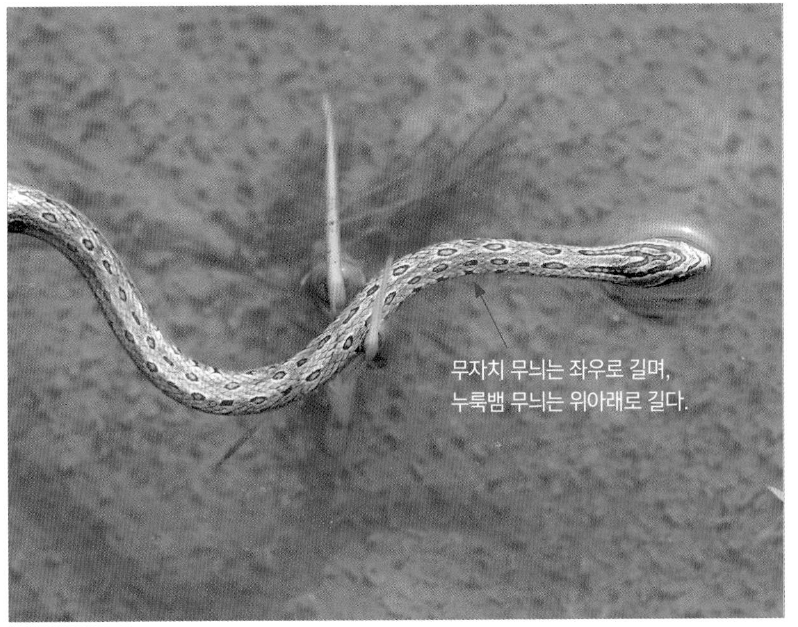
무자치 무늬는 좌우로 길며,
누룩뱀 무늬는 위아래로 길다.

참개구리를 삼키고 있다.
대부분 머리부터 삼키지만
먹이가 작으면
문 곳부터 삼킨다.

청개구리를 잡은 개체

갓 태어난 개체

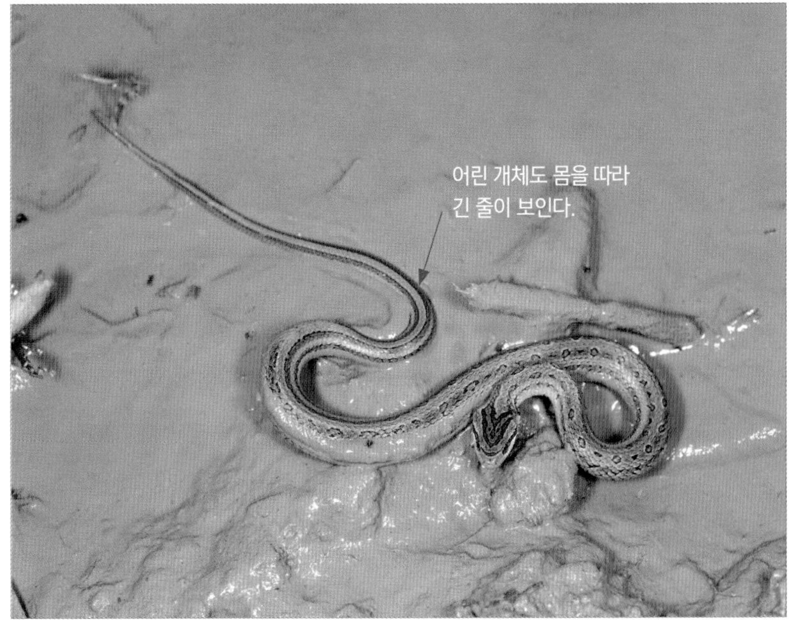
어린 개체도 몸을 따라
긴 줄이 보인다.

▶ 먹구렁이, 황구렁이, 누룩뱀, 무자치 비교

누룩뱀
무자치
검붉은 혀
검은 혀
머리 앞부분 경사가 심하다.
V자 무늬
위아래로 긴 무늬
좌우로 긴 무늬
불규칙한 배 무늬
바둑판처럼 규칙적인 배 무늬

유혈목이 *Rhabdophis tigrinus*

전체길이: 70~140cm | 보이는 시기: 4~10월 | 겨울잠 시기: 10~4월 | 번식기: 5~7월
알 낳는 곳: 야산이나 화단 흙 속 | 사는 환경: 산지 풀밭, 논밭, 숲 | 사는 지역: 전국

우리나라에서 제일 흔히 보이는 뱀이다. 몸 색깔이 붉은색과 초록색으로 화려해 꽃뱀, 혀를 날름거린다고 해서 너불메기, 너불대라고도 한다. 입 안쪽에 있는 어금니와 소화액 분비샘(뒤베르누아샘)이 연결되어서 어금니에 손가락 등을 깊이 물리면 위험하다. 공격을 당하면 머리를 숙여 머리 뒤쪽을 위로 올리고, 더 위협을 느끼면 목덜미샘을 터뜨려 두꺼비를 잡아먹으면서 저장한 독(부포톡신)을 분비한다. 두꺼비를 비롯한 참개구리, 산개구리 등 개구리를 주로 먹으며, 5~7월에 화단이나 풀밭 흙에 알을 8~32개 낳는다.

몸 전체에
검은 띠가 있다.
위협을 느끼면 머리를 박고
방어 자세를 취하기도 한다.

목덜미샘
위협을 느끼면 머리를 숙이고 목 뒤를 높이 든다.
두꺼비에게서 흡수한 독을 분비하고자
머리를 숙여 목 뒤에 있는 목덜미샘을
터뜨리기도 한다.
두꺼비 독은 먹지 않는 한
위험하지 않다.
어금니와 연결된
뒤베르누아샘

뒤베르누아샘과 연결된 어금니.
깊이 물리면 위험하다.

계곡, 하천, 웅덩이, 농경지, 산지 등에서
개구리, 올챙이, 물고기 등을 사냥한다.

작은 참개구리를
다리에서부터 삼킨 개체

두꺼비 올챙이를 먹은 개체

두꺼비와 대치한다.
두꺼비를 많이 먹은 개체는
몸 색깔이 더 붉다.

경고를 보낼 때는
머리를 들고 코브라처럼
몸을 펼치기도 한다.

가죽 같은 알 껍질을 찢고
나오는 새끼

갓 태어난 개체
물가 주변 식물을
잘 오르내린다.

헤엄치는 모습

실뱀 *Orientocoluber spinalis*

전체길이: 80~90cm | 보이는 시기: 4~10월 | 겨울잠 시기: 10~4월 | 번식기: 5~8월
사는 환경: 야산 풀밭, 계곡, 숲 속 돌무덤, 산등성, 하천가 | 사는 지역: 전국

다른 뱀에 비해 몸이 짧은 편이며 매우 가늘다. 몸은 연한 갈색을 띠며 검은 무늬가 있고, 머리에서 꼬리 끝까지 척추를 따라 연한 황백색 줄이 있다. 몸통에 비해 꼬리가 길어 우리나라 뱀 가운데 가장 빠르다. 풀줄기를 타고 빠르게 이동하는 모습이 마치 날아가는 듯 보여 비사(飛蛇)라고도 한다. 개구리나 장지뱀, 도마뱀을 먹으며, 내륙보다 섬에 더 많다. 우리나라와 중국, 러시아, 몽골 등에 산다.

척추 줄 좌우로
검은 무늬가 있다.
머리에 흰색 가로무늬가
있다.

혀가 검다.

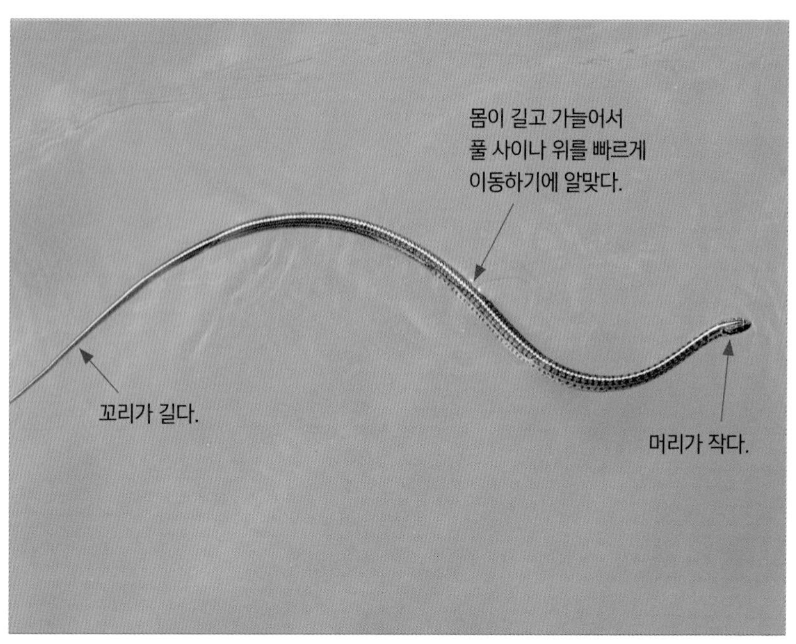
몸이 길고 가늘어서
풀 사이나 위를 빠르게
이동하기에 알맞다.
꼬리가 길다.
머리가 작다.

황토빛을 띠는 개체

줄장지뱀을 먹는다.

검은 무늬가 있다.
비늘

능구렁이 *Lycodon rufozonatum*

전체길이: 60~120cm | 보이는 시기: 4~10월 | 겨울잠 시기: 10~4월 | 번식기: 5~8월
사는 환경: 야산 낮은 지대, 논밭 주변, 숲 | 사는 지역: 제주도를 제외한 전국

대체로 붉은색과 검은색이 대조를 이뤄 화려해 보인다. 검은 띠가 몸통에 50~70개, 꼬리에 18~20개 있다. 머리가 넓고 눈이 작으며, 주둥이 끝이 둥글다. 대개 밤에 활동하지만 간혹 낮에도 보인다. 밤에 따뜻하게 달궈진 아스팔트에서 몸을 데우다가 차에 치어 죽기도 한다. 주로 개구리를 먹지만 이따금 쥐 같은 설치류나 다른 뱀을 잡아먹기도 한다.

몹시 배가 고프면 다른 뱀을 먹기도 한다.

대륙유혈목이 *Hebius vibakari*

전체길이: 30~40cm | 보이는 시기: 5~10월 | 겨울잠 시기: 10~4월 | 번식기: 6~7월
사는 환경: 야산 기슭 돌무덤, 숲, 계곡, 웅덩이 주변 | 사는 지역: 전국

다 자라도 작은 뱀이다. 등은 갈색 계열이며, 머리는 검고, 머리 뒤쪽에 흰색 빗금무늬가 있다. 혀 안쪽은 붉은색, 두 갈래로 갈라지는 부분은 노란색, 끝부분은 검은색이다. 지렁이, 개구리, 올챙이, 물고기 등을 먹는다.

입 주변에
구렁이와 비슷한
무늬가 있다.
배 좌우에
검은 점이 있다.

너덜 지대나 돌 틈을 기며
지렁이를 사냥한다.

길쭉한 알

혀는 위치에 따라
붉은색, 노란색, 검은색을
띤다.

돌 아래에서 똬리를 틀고
쉬기도 한다.
특히 섬에서 많이 보인다.

몸이 검은 개체

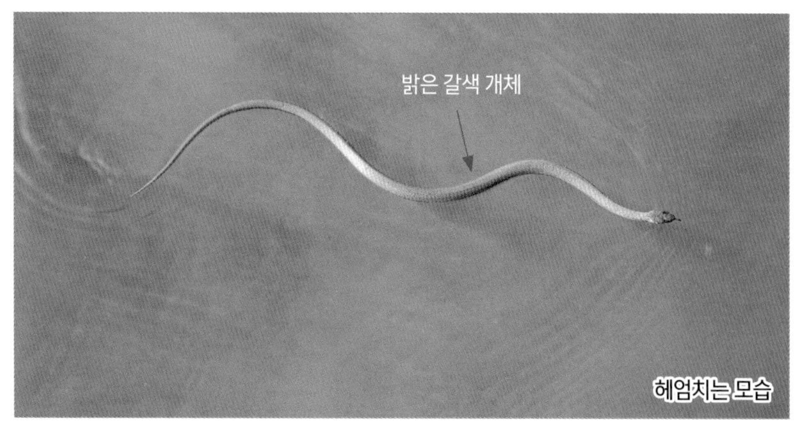
밝은 갈색 개체
헤엄치는 모습

비바리뱀 *Sibynophis chinensis*

전체길이: 50~61cm | 보이는 시기: 4~10월 | 겨울잠 시기: 11~3월 | 사는 환경: 풀밭, 숲 속 개활지
사는 지역: 제주도

우리나라에서는 제주도에만 산다. 등으로 검은 줄이 뻗은 모습이 꼭 처녀가 댕기 모양으로 머리를 땋은 모습 같다고 해서 제주도말로 처녀를 뜻하는 '비바리'라는 이름이 붙었다. 등은 갈색이나 적갈색이며, 배는 연한 노란색이다. 머리는 검고 뒤쪽에 흰색 줄이 있다. 이빨이 많아 입이 넓다. 무덤가 바위 지대, 돌담에서 자주 보이며 빠르게 움직인다. 장지뱀류, 지렁이 등을 먹는다.

머리 뒤쪽에 머리와 몸통을 구분하는
흰색 줄이 있다.

머리 뒤부터 척추를 따라
검은 줄이 뻗었다.

▶ 대륙유혈목이와 비바리뱀 비교

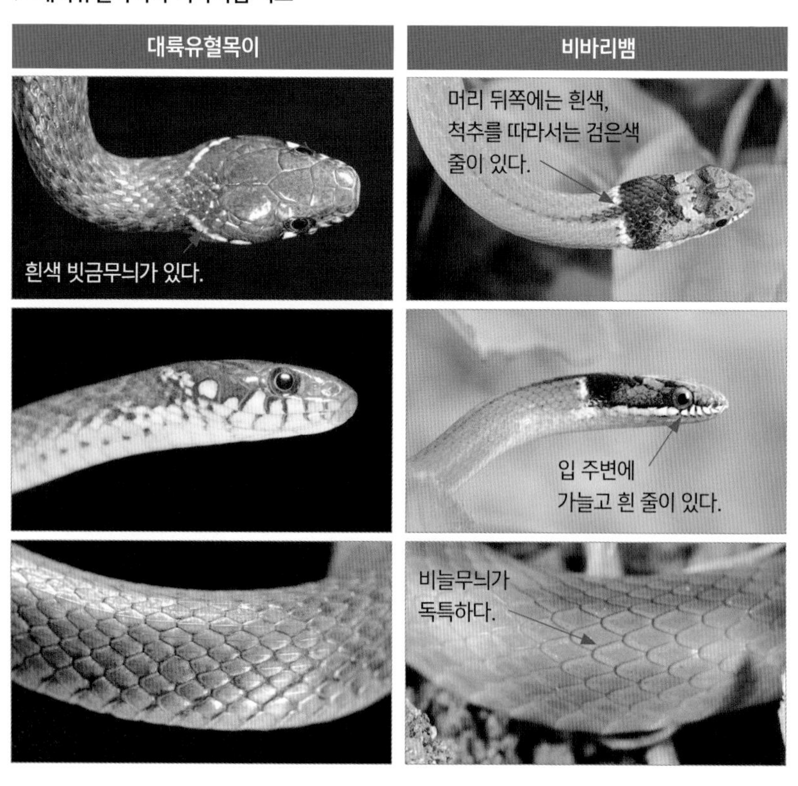

쇠살모사 *Gloydius ussuriensis*

전체길이: 45~70cm | 보이는 시기: 4~11월 | 겨울잠 시기: 11~4월 | 번식기: 7~9월
사는 환경: 산지 묵정밭, 숲, 풀밭, 계곡 주변 | 사는 지역: 전국

우리나라 살모사 가운데 가장 작다. 몸은 적갈색이나 흑갈색으로 살모사보다 색이 연하다. 몸 좌우에 엽전 무늬가 있다. 혀는 연한 분홍색이며 두 갈래로 갈라졌다. 계곡 주변 바위에서 일광욕하기도 한다. 산개구리를 비롯한 개구리를 주로 먹으며, 설치류나 장지뱀류도 먹는다. 8~9월에 무리 지어 짝짓기하고, 이듬해 7~8월에 새끼를 6~7마리 낳는다. 가을에 남향인 바위, 자갈이 많은 굴이나 틈에서 무리 지어 겨울잠을 잔다. 붉은색을 많이 띠는 개체를 불독사라고도 부른다.

* 제주도와 경남 사천에서 수집된 쇠살모사(국립생물자원관 보관)의 미토콘드리아 DNA는 일본 쓰시마쇠살모사와 비슷하다. 따라서 앞으로 남부 지방 쇠살모사 가운데 다른 종이 있는지를 연구해야 한다.

턱 밑에는
옅은 무늬만 있다.

개구리나 물고기 등을
즐겨 먹어
계곡 주변에서
많이 보인다.

붉은색을 띠는 개체.
몸 좌우에 난
엽전 무늬가 크면
무늬끼리 연결되어
띠처럼 보이기도
한다.

머리 위에 무늬가
나타나기도 한다.

밝은 갈색을 띤
어린 개체.
꼬리가 노랗다.

눈 뒤로
가는 줄이 뻗었다.
턱 밑에 옅은 무늬만 있다.

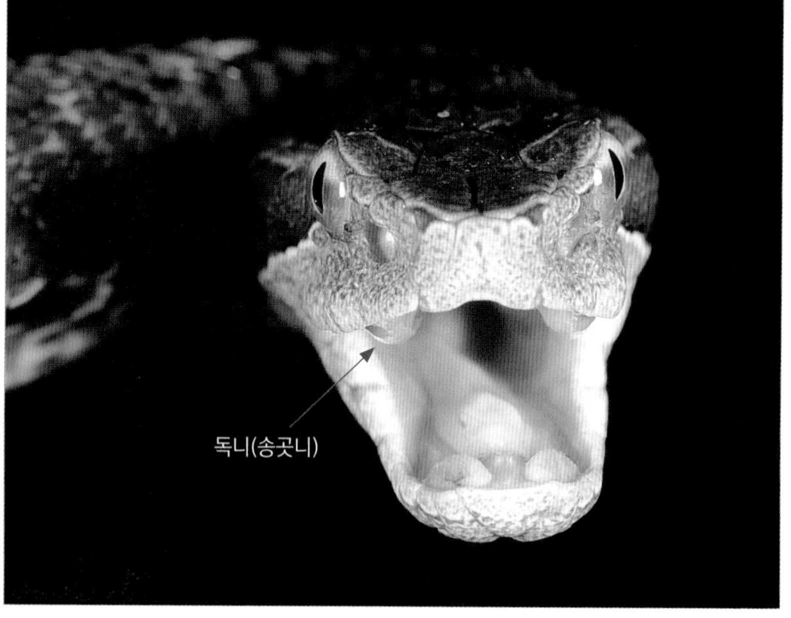
독니(송곳니)

살모사 *Gloydius brevicaudus*

전체길이: 50~80cm | 보이는 시기: 4~11월 | 겨울잠 시기: 11~4월 | 번식기: 8~9월
사는 환경: 산지 묵정밭, 숲, 풀밭 | 사는 지역: 제주도를 제외한 전국

몸이 밝은 색과 어두운 색 대조를 이뤄서 옛날에는 '까치독사'로 불렸다. 위에서 보면 머리는 정삼각형에 가깝다. 등은 갈색이나 적갈색을 띠며 꼬리 끝은 대개 노랗다. 몸통 좌우에 엽전 무늬가 연달아 있으며, 눈 뒤에서부터 목까지 가는 흰색 줄이 있다. 위턱 앞에는 길고 뾰족한 독니가 있다. 등산로나 산 주변 밭에 있는 가시덤불이나 풀이 무성한 바위 근처에서 보인다. 주로 쥐 같은 설치류를 먹으며 개구리도 먹는다. 8~9월에 짝짓기하며 이듬해 같은 시기에 새끼를 3~6마리 낳는다. 성격은 온순하지만 발로 밟거나 귀찮게 하면 스프링처럼 몸을 뻗어서 문다.

쇠살모사에 비해 엽전 무늬 크기는 작지만 더욱 또렷하다.

눈 뒤로 가늘고 흰 줄이 있다.
머리 앞쪽에 3자 무늬가 뚜렷하다.
턱 밑에 점이 2개 있다.
위에서 보면 엽전 무늬가 지그재그 무늬로 보이기도 한다.

어린 개체
꼬리 끝이 노랗다.

흑백이 어우러져서
까치독사라고도 했다.
꼬리가 노란
성체도 있다.

© 김익희
머리 옆면은 진한 갈색이다.

갈색을 많이 띠는 개체

혀가 검다.

까치살모사 *Gloydius intermedius*

전체길이: 80~100cm | 보이는 시기: 5~10월 | 겨울잠 시기: 11~4월 | 번식기: 8~9월
사는 환경: 높은 산 바위가 많은 숲 속 및 능선 | 사는 지역: 제주도를 제외한 전국

우리나라에 사는 살모사 종류 가운데 가장 길며 몸이 굵고 꼬리가 짧다. 머리는 삼각형이며 머리 위에 검은 점과 거꾸로 된 펜촉 무늬가 있다. 눈에서 목까지 굵은 암갈색 띠가 있어 가느다랗고 흰 줄이 있는 살모사, 쇠살모사와 구별된다. 주로 산림 주변 계곡 상류와 고산 지대에 살며, 밤에 활동한다. 쥐 같은 작은 설치류를 잡아먹는다. 산 정상 바위 지대에서 무리 지어 짝짓기하며 8~9월에 새끼 3~8마리를 낳는다. 까치살모사에 물리면 두통과 어지럼증을 느끼며 시력, 청력이 떨어지고 숨쉬기가 어려워진다. 칠점사, 칠보사로도 불린다.

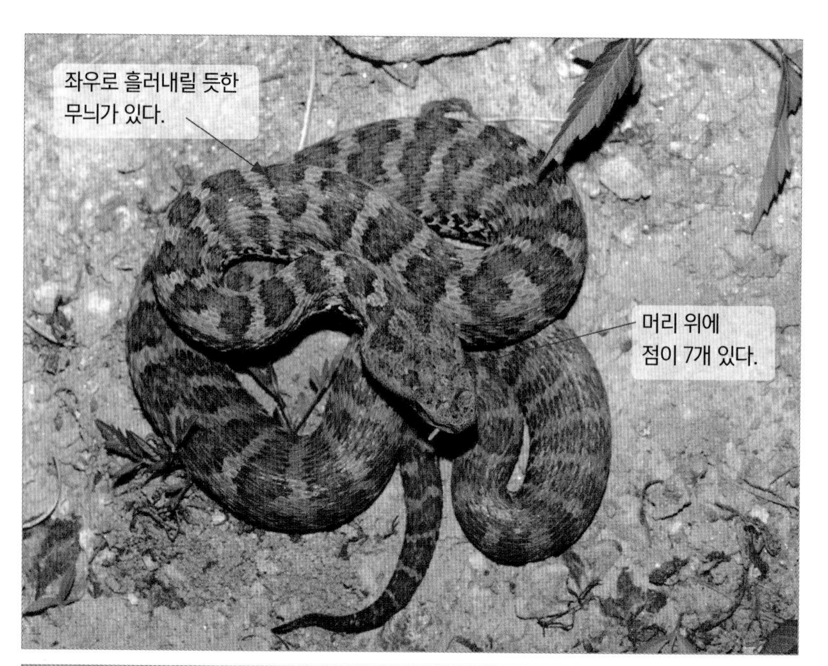
좌우로 흘러내릴 듯한
무늬가 있다.
머리 위에
점이 7개 있다.

눈 뒤로 굵은 갈색 줄이
뻗었다.
살모사와 달리
줄과 점이 많다.

위에서 보면 몸에 난 무늬는
지그재그 무늬 같다.

몸은 통통하며 좀 짧다.

어린 개체
몸을 펼쳐
경계 자세를 잡는다.
꼬리가 짧다.

▶ 쇠살모사, 살모사, 까치살모사 비교

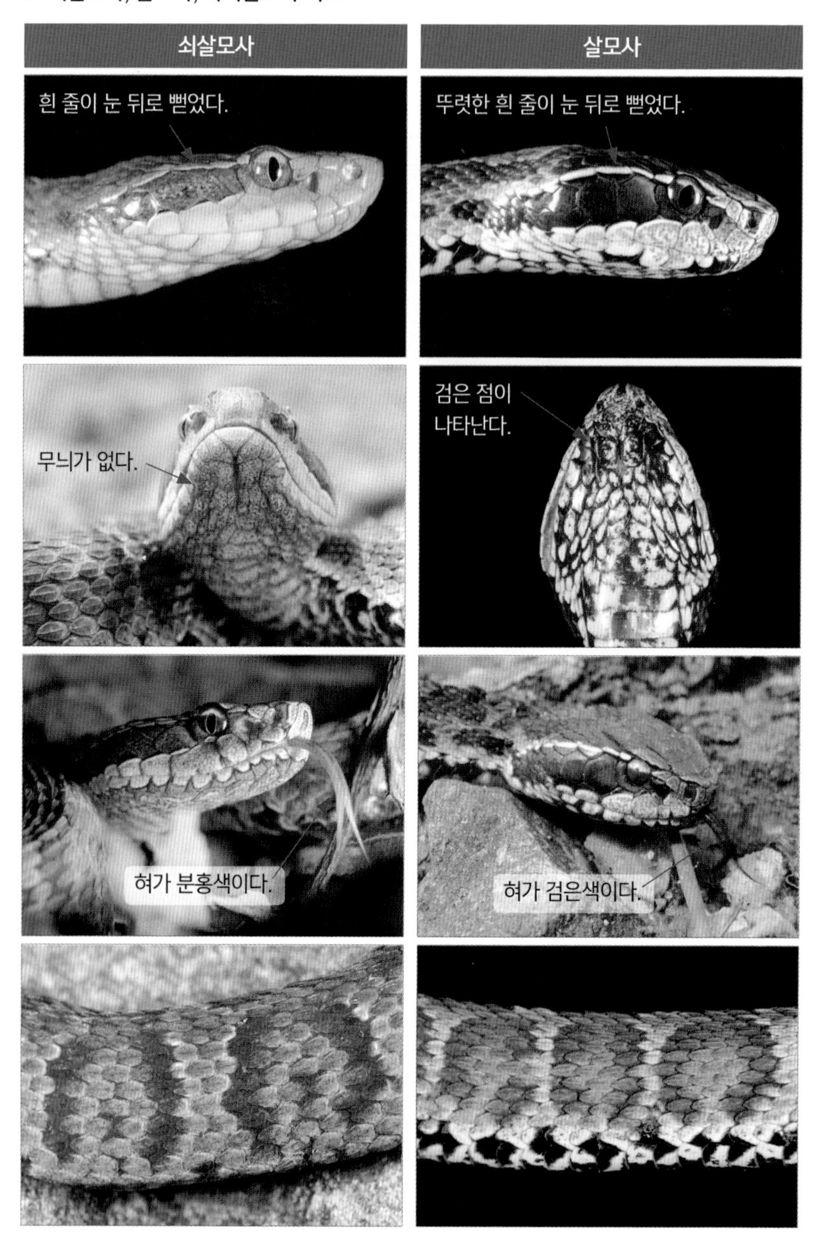

까치살모사
굵은 갈색 줄이 눈 뒤로 뻗었다.
혀가 검붉은색이다.

뱀 허물 살펴보기

1. 마른 뱀 허물을 물속에 넣는다.
2. 충분히 물을 머금었다 싶으면 흙 같은 불순물을 털어 낸다.
3. 머리 부분과 등 비늘이 잘 보이도록 편다.
4. 특히 자세히 관찰하고픈 부분을 가위로 자른다.
5. 하얀 종이 위에 허물을 놓고 넓게 펴서 관찰한다.

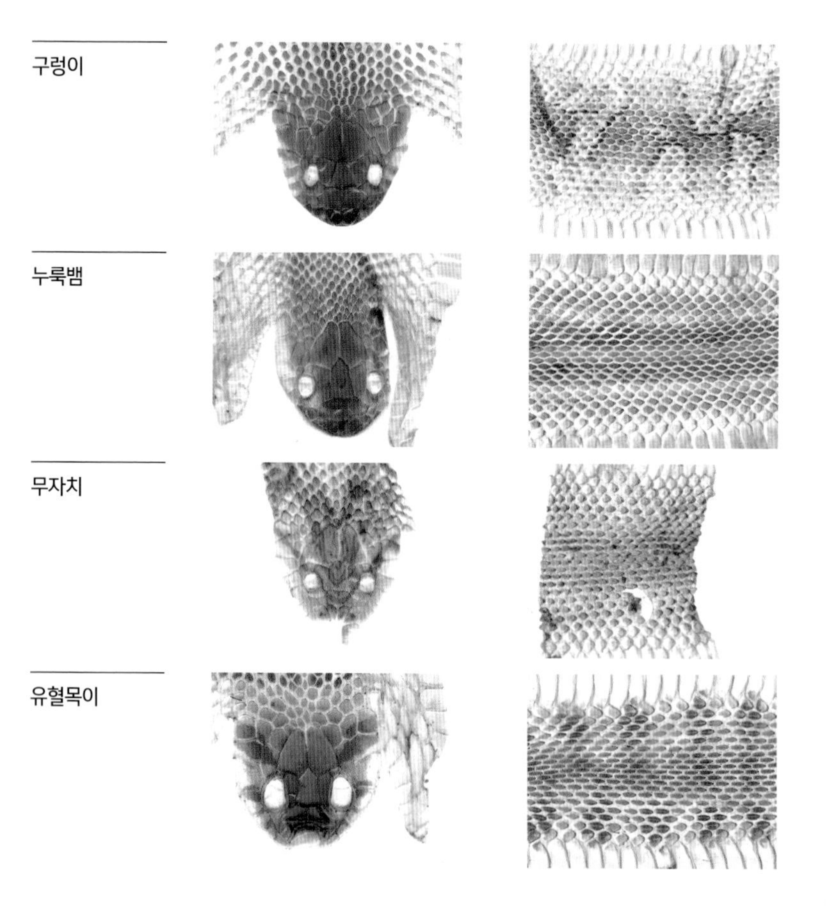

실뱀

능구렁이

대륙유혈목이

쇠살모사

살모사

까치살모사

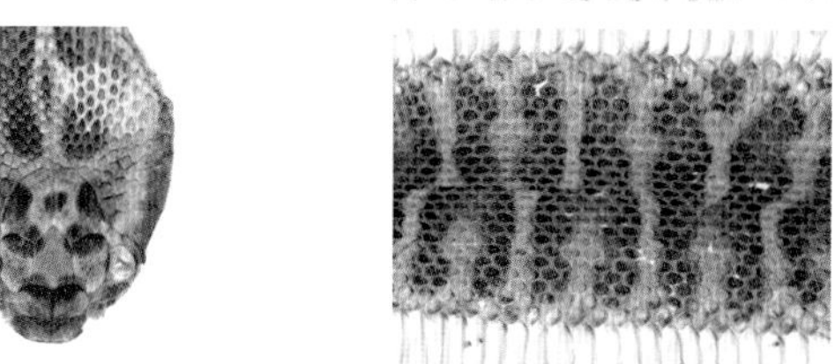

양서강 Amphibia

도롱뇽목 Caudata

도롱뇽과 Hynobiidae

- 도롱뇽 *Hynobius leechii* Boulenger, 1887
- 고리도롱뇽 *Hynobius yangi* Kim, Min, and Matsui, 2003
- 제주도롱뇽 *Hynobius quelpaertensis* Mori, 1928
- 꼬마도롱뇽 *Hynobius unisacculus* Min, Baek, Song, Chang, and Poyarkov, 2016
- 한국꼬리치레도롱뇽 *Onychodactylus koreanus* Min, Poyarkov, and Vieites, 2012
- 꼬리치레도롱뇽 sp.
- 백두산꼬리치레도롱뇽* *Onychodactylus zhangyapingi* Che, Poyarkov, and Yan, 2012
- 북꼬리치레도롱뇽* *Onychodactylus zhaoermii* Che, Poyarkov, and Yan, 2012
- 네발가락도롱뇽* *Salamandrella tridactyla* (Nikolskii, 1905)

미주도롱뇽과 Plethodontidae

- 이끼도롱뇽 *Karsenia koreana* Min, Yang, Bonett, Vieites, Brandon, and Wake, 2005

개구리목 Anura

무당개구리과 Bombinatoridae

- 무당개구리 *Bombina orientalis* (Boulenger, 1890)

두꺼비과 Bufonidae

- 두꺼비 *Bufo gargarizans* Cantor, 1842
- 물두꺼비 *Bufo stejnegeri* Schmidt, 1931
- 작은두꺼비* *Pseudepidalea raddei* (Strauch, 1876)

청개구리과 Hylidae

- 청개구리 *Dryophytes japonicus* (Gunther, 1859)
- 수원청개구리 *Dryophytes suweonensis* (Boettger, 1888)

맹꽁이과 Microhylidae

- 맹꽁이 *Kaloula borealis* (Barbour, 1908)

개구리과 Ranidae

- 참개구리 *Pelophylax nigromaculatus* (Hallowell, 1861)
- 금개구리 *Pelophylax chosenicus* (Okada, 1931)
- 옴개구리 *Glandirana emeljanovi* (Nikolskii, 1913)
- 아무르산개구리* *Rana amurensis* Boulenger, 1886
- 한국산개구리 *Rana coreana* Okada, 1928
- 북방산개구리* *Rana dybowskii* Gunther, 1876
- 산개구리 *Rana uenoi* Matsui, 2014
- 계곡산개구리 *Rana huanrenensis* Fei, Ye, and Huang, 1990
- 중국산개구리* *Rana chensinensis* David, 1875
- 황소개구리* *Lithobates catesbeianus* (Shaw, 1802)

파충강 Reptilia

거북목 Testudines

장수거북과 Dermochelyidae

- 장수거북 *Dermochelys coriacea* Vandelli, 1761

바다거북과 Cheloniidae

- 바다거북 *Chelonia mydas* Linnaeus, 1758
- 붉은바다거북 *Caretta caretta* Linnaeus, 1758
- 매부리바다거북 *Eretmochelys imbricata* (Linnaeus, 1766)

자라과 Trionychidae

- 자라 *Pelodiscus maackii* (Brandt, 1857)
- 중국자라* *Pelodiscus sinensis* (Wiegmann, 1835)

남생이과 Geoemydidae

- 남생이 *Mauremys reevesii* Gray, 1831

늪거북과 Emydidae

- 붉은귀거북* *Trachemys scripta* Schoepff, 1792
- 플로리다붉은배쿠터* *Pseudemys nelsoni* Carr, 1938
- 강쿠터* *Pseudemys concinna* (LeConte, 1830)
- 반도쿠터* *Pseudemys peninsularis* Carr, 1938

뱀목 Squamata

도마뱀부치과 Gekkonidae

- 도마뱀부치* *Gekko japonicus* Schlegel, 1936
- 집도마뱀부치(가칭)* *Hemidactylus frenatus* Dumeril & Bibron, 1836

도마뱀과 Scincidae

- 장수도마뱀* *Plestiodon coreensis* Doi & Kamita, 1937
- 북도마뱀 *Scincella huanrenensis* Zhao & Huang, 1982
- 도마뱀 *Scincella vandenburghi* Schmidt, 1927

장지뱀과 Lacertidae

- 아무르장지뱀 *Takydromus amurensis* Peters, 1881
- 줄장지뱀 *Takydromus wolteri* Fischer, 1885
- 표범장지뱀 *Eremias argus* Peters, 1869

뱀과 Colubridae

- 구렁이(먹구렁이) *Elaphe schrenckii* Strauch, 1873
  (황구렁이) *Elaphe anomala* (Boulenger, 1916)
- 누룩뱀 *Elaphe dione* (Pallas, 1773)
- 세줄무늬뱀* *Elaphe davidi* (Sauvage, 1884)

- 무자치 *Oocatochus rufodorsatus* (Cantor, 1842)
- 유혈목이 *Rhabdophis tigrinus* (Boie, 1826)
- 실뱀 *Orientocoluber spinalis* (Peters, 1866)
- 능구렁이 *Lycodon rufozonatum* Cantor, 1842
- 대륙유혈목이 *Hebius vibakari* (Boie, 1826)
- 비바리뱀 *Sibynophis chinensis* (Gunter, 1889)

살모사과 Viperidae

- 쇠살모사 *Gloydius ussuriensis* (Emelianov, 1929)
  (쓰시마쇠살모사) *Gloydius tsushimaensis* (Isogawa, 1994)
- 살모사 *Gloydius brevicaudus* (Stejneger, 1907)
- 까치살모사 *Gloydius intermedius* (Strauch, 1868)
- 북살모사* *Vipera berus* (Linnaeus, 1758)

코브라과 Elapidae

- 먹대가리바다뱀 *Hydrophis melanocephalus* Gray, 1849
- 얼룩바다뱀 *Hydrophis cyanocinctus* Daudin, 1803
- 바다뱀 *Hydrophis platura* (Linnaeus, 1766)
- 좁은띠큰바다뱀 *Laticauda laticaudata* (Linnaeus, 1758)
- 넓은띠큰바다뱀 *Laticauda semifasciata* (Reinwardt in Schlegel, 1837)

---

* 북한에만 서식
* 외래종

참고문헌

- 강영선, 윤일병. 1975. 한국동식물도감 제17권 동물편(양서파충류). 문교부.
- 국립생물자원관. 2011. 한국의 멸종위기 야생동식물 적색자료집 양서류, 파충류. 국립생물자원관.
- 김나영, 김지연, 유연수, 김혜정. 2015. *Hynobius*속 도롱뇽에 대한 탐구. 제61회 전국과학전람회.
- 김종범, 송재영. 2010. 한국의 양서파충류. 월드사이언스.
- 김현태. 2013. 양서류, 파충류 백과. 애플비.
- 문대승, 정성곤. 2011. 낯선 원시의 아름다움 도마뱀. 씨밀레북스.
- 백남극, 심재한. 1999. 뱀, 다리 없는 동물 그 진화의 수수께끼. 지성사.
- 세르게이 쿠즈민. 2004. 아시아의 꼬리치레도롱뇽. 한국학술정보.
- 손상봉, 이상철, 이용욱, 조영권. 2008. 파충류계의 청개구리 도마뱀붙이를 소개합니다. 자연과생태 2008년 1, 2월호: 10-29.
- 손상호, 이용욱. 2007. 주머니 속 양서파충류 도감. 황소걸음.
- 송재영. 2007. 국립공원 양서파충류 야외 식별 도감. 국립공원관리공단.
- 심재한, 김종범, 민미숙, 오홍식, 박병상, 보리 편집부. 2007. 세밀화로 그린 양서파충류 도감. 보리.
- 심재한. 2001. 꿈꾸는 푸른 생명 거북과 뱀. 다른세상.
- 심재한. 2001. 생명을 노래하는 개구리. 다른세상.
- 심재한. 2009. 전국자연환경조사 전문인력 양성교육 교재. 국립생물자원관.
- 심태훈, 김중근, 현종훈. 2017. 한국 적색목록 미평가종 도마뱀부치(*Gekko japonicus*)의 서식 실태 추적 및 형태학·유전학적 연구. 제63회 전국과학전람회.
- 양서영, 김종범, 민미숙, 서재화, 강영진. 2001. 한국의 양서류. 아카데미서적.
- 우종영, 조영권, 손상호, 김현태, 최순규, 최현명. 2015. 캠핑장 생태도감. 스콜라.
- 원홍구. 1971. 조선량서파충류지. 과학원출판사.
- 이정현, 박대식. 2016. 한국 양서류 생태도감. 자연과생태.
- 이정현, 장환진, 서재화. 2011. 한국 양서파충류 생태도감. 국립환경과학원.
- 이태원, 박성준. 2011. 낮은 시선 느린 발걸음 거북. 씨밀레북스.
- 이태원. 2013. 선과 색의 어울림 뱀. 씨밀레북스.
- 전영호, 임헌영, 조삼래, 김현태, 이우식. 2018. 양서류 탐구도감. 교학사.
- 한상훈, 김현태, 문광연, 정철운. 2015. 선생님들이 직접 만든 이야기야생동물도감(포유류, 양서류, 파충류). 교학사.
- 한상훈, 김현태. 2010. 한국의 개구리 소리. 국립생물자원관.
- 한생연 생명과학연구실. 2016. 100년 전 그림과 함께하는 한국의 양서파충류 도감. 실험누리출판사.

- Baek Hae-Jun, Mu-Yeong Lee, Hang Lee, and Mi-Sook Min, 2011. Mitochondrial DNA Data Unveil Highly Divergent Populations within the Genus *Hynobius* (Caudata: Hynobiidae) in South Korea. Mol. Cells 31, 105-112.
- Dufresnes, C., S. N. Litvinchuk, A. Borzée, Y. Jang, J.-t. Li, I. Miura, N. Perrin, and M. Stöck. 2016. Phylogeography reveals an ancient cryptic radiation in East-Asian tree frogs (*Hyla japonica* group) and complex relationships between continental and island lineages. BMC Evolutionary Biology 16(253): 1-14.

- Fei, L., and C.-y. Ye. 2016. Amphibians of China, Volume 1.Beijing(*1. Beijing*), China: Chengdu Institute of Biology, Chinese Academy of Sciences. Science Press.
- Jong-Bum Kim, Mi-Sook Min, Masafumi Matsui. 2003. A New Species of Lentic Breeding Korean Salamander of the Genus *Hynobius* (Amphibia, Urodela). Zoological Science. Tokyo 20: 1163-1169.
- Klaus-Dieter Schulz. 2013. Old World Ratsnakes. Bushmaster Publications.
- Leonhard Stejneger. 1907. Herpetology of Japan and Adjacent Territory. Government Printing Office.
- Matsui, M. 2014. Description of a new Brown Frog from Tsushima Island, Japan (Anura: Ranidae: *Rana*). Zoological Science. Tokyo 31: 613-620.
- Park, Daesik, Seokwan Cheong, Hacheol Sung. 2006. Morphological Characterization and Classification of Anuran Tadpoles in Korea. J. Ecol. Field Biol. 29(5): 425-432.
- Poyarkov, N. A., Jr., J. Che, M.-S. Min, M. Kuro-o, F. Yan, C. Li, K. Iizuka, and D. R. Vieites. 2012. Review of the systematics, morphology and distribution of Asian Clawed Salamanders, genus *Onychodactylus* (Amphibia, Caudata: Hynobiidae), with the description of four new species. Zootaxa 3465: 1-106.
- Ra, N.-Y., D. Park, S. Cheong, N.-S. Kim, and H.-C. Sung. 2010. Habitat associations of the endangered Gold-spotted pond frog (*Rana chosenica*). Zoological Science. Tokyo 27: 396-401.
- Ra, N.-Y., H.-C. Sung, S. Cheong, J.-H. Lee, J. Eom, and D. Park. 2008. Habitat use and home range of the endangered Gold-spotted Pond Frog (*Rana chosenica*). Zoological Science. Tokyo 25: 894-903.
- S.-Y. Yang, M.-S. Min, J.-B. Kim, J.-H. Suh, and Y.-J. Kang. 2000. Genetic diversity and speciation of *Rana rugosa* (Amphibia; Ranidae). Korean Journal of Biological Sciences 4: 23-30.
- Song, J.-Y., M. Matsui, K.-H. Chung, H.-S. Oh, and W. Shao. 2006. Distinct specific status of the Korean Brown Frog, *Rana amurensis coreana* (Amphibia: Ranidae). Zoological Science. Tokyo 23: 219-224.
- Stejneger, Leonhard. 1907. Herpetology of Japan and adjacent territory. Bulletin of the United States National Museum.
- Suh-Yung Yang, Jong-Bum Kim, Mi-Sook Min, Jae-Hwa Suh, and Ho-Yung Suk. 1997. Genetic and Phenetic Differentiation among Three Forms of Korean Salamander *Hynobius leechii*. Korean Journal of Biological Sciences 1: 247-257.
- T. R. Halliday. K. Adler. 1988. 동물대백과(양서파충류). CPI.
- Xiong Ye, Ding Li. 2012. A Taxonomic Status of Fu Snakes in Mt. Wuling, Xinglong County, Hebei Province. Sichuan Journal of Zoology 31(5).
- Yang, B.-t., Y. Zhou, M.-S. Min, M. Matsui, B.-j. Dong, P.-p. Li, and J. J. Fong. 2017. Diversity and phylogeography of Northeast Asian brown frogs allied to *Rana dybowskii* (Anura, Ranidae). Molecular Phylogenetics and Evolution 112: 148-157.
- Zhou, Y., B.-t. Yang, P. Li, M.-S. Min, J. J. Fong, B.-j. Dong, and Z.-y. Zhou. 2015. Molecular and morphological evidence for *Rana kunyensis* as a junior synonym of *Rana coreana* (Anura: Ranidae). Journal of Herpetology 49: 302-307.

찾아보기